白い瑞《ずい》鳥《ちょう》記

Ōta Shinya
大田眞也

◉弦書房

装丁＝毛利一枝

〈カバー表　写真・画＝大田眞也〉
（史実を想像して写真のキジを白変させてみた）
〈カバー裏　写真〉
ショウジョウトキ（紅）とコサギ（白）の日本の国旗を想起させるめでたいショット（一九九六年三月九日、鹿児島県出水市で）
〈本扉　写真〉
クロツラヘラサギ（二〇一五年一月二八日、熊本市西区沖新町で）

白変したハシブトガラス（雄）
2002 年 12 年 23 日　熊本県山鹿市菊鹿町で
（本文 25 頁参照）

白変したハシボソガラス　1996 年 11 月 24 日　熊本県山鹿市川辺で（本文 14 頁参照）

翼が白変したハシボソガラス　2017 年 12 月 14 日　熊本市西区池上町で（本文 22 頁参照）

白雀（中央）と普通のスズメ　1997 年 12 月 31 日　熊本市東区秋津町で（本文 41 頁参照）

白雀（前方）と普通のスズメ（後方）　1997 年 12 月 25 日　熊本市東区秋津町で（本文 41 頁参照）

綿帽子雀（左）と普通のスズメ。どうも 2 羽はカップルらしい　1991 年 2 月 11 日　熊本市中央区本山町の白川左岸で
（本文 39 頁参照）

綿帽子斑雀（左）と普通のスズメ　2003 年 1 月 11 日　熊本市東区画図町で（本文 44 頁参照）

白燕（幼鳥） 2007 年 5 月 17 日 熊本県球磨郡錦町西で（本文 51 頁参照）

ツバメの白い雛（左）　1980 年 7 月 10 日　熊本県上益城郡山都町田小野で（本文 48 頁参照）

白変したツバメ（幼鳥）　1980 年 9 月 14 日　熊本県玉名市の横島干拓地で（本文 54 頁参照）

白変したカルガモ（前方）と普通のカルガモ（後方） 1986 年 1 月 2 日　熊本市西区蓮台寺町の白川で
（本文 68 頁参照）

白変したカルガモ　2015 年 12 月 22 日　熊本市南区城南町陣内の浜戸川で（本文 71 頁参照）

白変したオカヨシガモ　2011 年 3 月 1 日　熊本市北区清水打越町で（本文 74 頁参照）

白変したオオバン（中央）と普通のオオバン（左・右）　2018 年 12 月 18 日　熊本県上益城郡嘉島町井寺の浮島さんで
（本文 33 頁参照）

目次

はじめに

全生物の生命維持活動の根源は、太陽光のエネルギーです。人類は農耕生活を始めると、そのことを強く認識して、太陽を神（太陽神）として崇めて信仰するようになりました。日本人にとっての天照大神がそれです。

太陽光（太陽神）を全て反射すると白くなり、全て吸収すると黒くなります。したがって白は太陽そのものを写したものであり、神の色です。人の色彩感覚では、色相の無い無彩色の白は潔白、清浄そのものであり、養老二年（七一八）の養老衣服令では白が最高位の「天子の色」とされています。ちなみにローマ・カトリックでも白は潔白、純潔の象徴とされています。

人は、生まれると白絹や白羽二重の産衣《うぶぎ》にくるまれて人生をスタートし、最期は白装束であの世へ旅立って行きます。また、女性はその途中で白無垢の花嫁衣装や純白のドレスを纏って新たな家庭生活をスタートさせます。あの世は天上はるかかなたにあって、古代人は、霊魂は鳥によって運ばれると信じていたようです。倭健命《やまとたけるのみこと》（日本武尊）の霊魂が白鳥《しらとり》と化して飛び去ったという伝説などがそれです。

白鳥は、神聖な色に加えて、空を飛ぶという人知を超えた能力を有していることから瑞鳥として崇められてきました。もともと白い鳥でもそうですから、普通は有色の鳥が白化や白変して白くなって出現したら、珍しさに希少価値が加わってなおさらのことです。大化六年（六五〇）二月九日に穴門《あなと》（現在の山口県）の国司草壁連醜経から時の孝徳天皇に白いキジが献上されると、朝廷では瑞兆として盛大な祝宴を催し、二月十五日をもって和号を「白雉《はくち》」と改元したほどです。また、『日本書記』の孝徳記には「鳳凰、麒麟、白雉、白烏……休祥嘉瑞《よきさがよしみつ》なり」とあり、『延喜式』（七二七年）にも瑞祥として白烏や白雀が記されています。

一方、私が住んでいる熊本県内では、神護景雲《じんごけいうん》二年（七六八）に芦北郡《こおり》の刑部広瀬女《おさかべひろやめ》が赤眼の白い亀を時の称徳天皇に献上しました。と、その二年後（七七〇年）に、なんとまた同じ芦北郡の日奉部広主売《ひまつりべのひろぬしめ》と益城郡の山稲主《やまのいなぬし》が相前後して白い亀を献上しました。朝廷ではこの度重なる白亀の献上を瑞兆とし、神護景雲四年（七七〇）を「宝亀」元年と改元しました。なお、白亀の種類は詳《つまび》らかではありませんが、スッポンではないかとみられています。

このような白化または白変したものは極く稀ではありますが、理論上は全ての動物に発症する病的症状です。ただ、その発症の確率は動物の種類によって異なり、また、人目に留まる確率はその動物の生態によって異なると考えられます。先述の文献にあるキジやカラス、スズメ、カメなどがどの程度の白化か白変かは分かりませんが、バードウォッチングを長年続けていますと、このような白化や白変したものを見かけることも稀にあります。私はこれまでスズメやカラス（ハシボソガラス・ハシブトガラス・ミヤマガラス）、ツバメ、カワラヒワ、セグロセキレイなどのスズメ目の鳥のほか、カモ類のマガモ、コガモ、カルガモ、オカヨシガモ、それにオオバンやカ

白高麗雉《シロコウライキジ》（雄）
（北朝鮮の郵便切手）

ワウなどでも見ており、それぞれ写真も撮っています。

瑞鳥の白い鳥たちとのこれまでの出会いについて備忘録の意味も込めて整理して書き留めておきたいと思い立ちました。本書によってバードウォッチングのおもしろさ、楽しさに気づいて興味をもっていただけたらとも思っています。

I　白変して瑞鳥に

白変したハシブトガラス（雄）
熊本県の菊鹿町で

〈羽毛の色〉

鳥の羽毛の多彩な色は、色素による発色（色素色）と、羽毛表面の微細な構造による光学的現象での発色（構造色）との複雑な組み合わせによっています。

羽毛に含まれている色素には、鳥の体内で生産されたものと、体外から食物として取り入れて蓄積したものとの二種類があります。体内で生産されるものには黒色のユーメラニン（真正メラニン）と褐色のフェオメラニンがあります。体外から取り入れて蓄積したものにはカロチノイド系の色素があります。いわゆる北原白秋の童謡「赤い鳥　小鳥　なぜなぜ赤い　赤い実を食べた……」というやつで、カナリヤやショウジョウトキは唐辛子成分のカプサイシンで赤っぽくなり、フラミンゴはカンタキサンチンでピンク色になるといった具合です。

そのほかの青や緑、紫などの色は色素によるのではなく、羽毛表面の微細な構造がプリズムのようなはたらきをしての光の干渉によるもので、シャボン玉やＣＤなどの表面がいろいろな色に見えるのと同じ原理での発色で、色素色とは違って金属光沢があり、見る角度によって色が変わるのが特徴です。

要するに、鳥の体内で生産されるのはメラニン色素だけで、食物中のアミノ酸のチロシン（無色）が銅を含む酵素チロシナーゼによって酸化されてできます。その生産の過程には一二〇以上もの遺伝子が関与していますが、突然変異でそれらが機能しなくなるとメラニンが生産されずに全身が真っ白い白子《しらこ》（albino《アルビノ》─ラテン語で白を意味するalbusに由来）になり、眼だけは毛細血管の血液が透けて赤く見えます。白化症（albinism《アルビニズム》）は非常に稀な症状で、一〇万ないしは一〇〇万羽に一羽くらいの確率で発症するとみられています。ただ、虹彩が機能しないために多量の光が入り込んで視覚障害を起こし、視覚中心の生活をしている鳥類のアルビノは自然界では生きていけず殆んど見られません。

ところで、全身が殆んど真っ白に見えても眼の虹彩には色素があって赤くないものもいます。これは眼のメラニンは羽毛のメラニンと発生学的に異なるからで、これを白化症（albinism）と区別して白変症（white《ホワイト》 varieties《ヴァライアティス》）と呼んでおり、全身の羽毛が真っ白になるもの（完全白変）から、体の一部が白くなるもの（部分白変）まで白変の程度はさまざまです。部分白変の多くは左右非対称ですが、稀には左右対称のこともあります。

また、このほかに色素の不足から羽毛の色が全体的に薄くなったり、色褪《あ》せたような状態になることがあります。完全白変の未完成型ともいえる症状で、淡化とかバフ変（leucistic《レウシスティック》）と呼んでいます。

メラニン量の異常は、白化や白変、あるいは淡化（バフ変）にしろ遺伝的な原因によることが多いものの、部分白変などは栄養やホルモンのバランス失調、病気やショック、あるいは加齢などによっても生じるようです。メラニンは羽毛に色をつけるだけでなく、羽毛を丈夫にしたり、紫外線を防御する大切なはたらきをしているほかに、体温の制御や抗菌作用、毒性物質の吸収、蓄積などのはたらきもしています。

白鳥

「カラスの頭の白くならん時」とは「馬に角おひ」と共に、古来、あり得ないことのたとえにされています。しかし、一方、イギリスの詩人バイロンは「事実は小説よりも奇なり」とも言っていますように、現実には極く稀ながら、頭部だけでなく全身が真っ白いカラスだって出現することがあるのです。

私は、これまで白いハシブトガラスや灰色のハシボソガラス、それに白羽を交じえるハシブトガラスやハシボソガラス、ミヤマガラスなども見て、それぞれ写真も撮っています。それらの中で特に印象的なものをいくつか紹介しようと思います。

灰色のハシボソガラスが三羽も

▼新聞で知る

平成五年（一九九三）六月二十三日付の『熊本日日新聞』朝刊のカラー写真添付の「白いカラス⁉」の見出し記事に興味を覚えました。なんでも六月上旬に熊本県山鹿市保多田地区の男性が右翼を傷めて飛べないでいるのを保護したとのことで、手に持たれた写真のカラスは白いというより全身が淡い灰色で、嘴や足、眼などは普通のハシボソガラスと変わらないくらい黒く、顔も黒っぽく見えます。記事にはハシブトガラスの若鳥と書かれていましたが、ハシボソガラスの若鳥の誤りでした。また、記事には近所の人の話ではほかにもう一羽白いカラスがいるとも書かれていました。

二羽とは珍しく、見られるかもしれないと思い、夏休みの七月二十四日に保多田地区を訪ねてみました。新聞写真のカラスを持っている手の主のMさんにも会えて、白いカラスのその後について聞くと、処置に困って養豚場横に放ったそうで、その後は見かけないのでたぶん死んだのだろうとのことでした。しかし、白いカラスはなんとあと二羽いるとのことでした。すると白いカラスは当初は三羽いたということになります。残る二羽の白いカラスの行動についての情報もだいぶ得られましたので容易に見られるだろうと思いましたが、その日は残念ながら見られませんでした。それで次の日曜日には見られそうな場所を夜明けから日没まで日中探しましたが見つかりませんでした。このような羽色の白変は病的症状の一種で、生存上は不利とみられていますので、残る二羽もたぶん死んだのだろうと思って探すのはもう諦めました。

▼三年越しの出会い

それから三年後のことです。熊本野鳥の会の会報『野鳥くまもと』（一九九六年二月号）に山鹿市川辺で一月にハシボソガラスの灰色個体を見たとの情報が出ていました。その場所からして灰色のハシボソガラスはどうもまだ生き残っているようです。それで今度こそはちゃんと見てやろうと、さっそく二月十二日に早朝から出向きました。Mさんを再び訪ねると、今でも一羽は時々見かけるとのことでした。

しかし、今度も休日ごとに訪ねて探しますが、なかなか出会えません。私は白いカラスによほど嫌われてでもいるのでしょうか。四月二十八日に訪ねた時には二日前の正午少し前に菊池川を飛び越えて左岸の丘陵の方に一羽で飛んで行くのを見たとの話が聞けました。これまでは左岸側にはほとんど行かないということでしたので新しい情報です。それでさっそく左岸の丘陵上に向かいますと、すぐ眼前の道路脇の電柱にハシボソガラスが一羽止まっていて、それがなんと白っぽいカラスでした。なんとも呆気ない出会いで、これまでの苦労はいったい何だったのでしょうか。背面から見ると頭部以外はほとんど白っぽいが、正面というか腹面側は白い部分は見えなくて、嘴は黒く、頭部から頸、胸、腹にかけてもけっこう黒っぽくて普通のハシボソガラスとあまり変わりません。周辺にはほかにカラスはいなくて一羽で行動していました。

念願だった灰色のハシボソガラスが見られ、小さいながらも写真も撮れました。それで八月十三日に久しぶりにMさんを訪ねて報告しますと、これは頭が黒いが、いつも見ているのは白くて違うようだ、とのことでいた。すると白っぽいカラスは別にもう一羽いるということで、三年前の二羽が共にまだ生き残っているらしいのです。

菊池川右岸沿いの道路を下流方向に車で帰っていると、電柱にハシボソガラスが一羽止まっていて、なんだか白っぽく、道路脇に車を止めて双眼鏡で見ると、確かに白っぽく、頭部も白っぽくて、以前に左岸の丘陵で見たのとは明らかに違います。Mさんが日頃見ているというのがきっとこのカラスのことでしょう。それから約二時間後の午後四時四十分のことでした。三年前に白いカラスが二羽連れでよくやって来ると聞いていた鮮魚店のごみ捨て場近くにさしかかると、車の上空を後方からカラスが一羽飛び越えて行きました。すると助手席の妻が〝白い〟と興奮ぎみに言いました。と、そのカラスは都合よくごみ捨て場近くの杉の梢に止まってくれました。双眼鏡で見ていた妻が〝頭が黒〟と言いました。双眼鏡を交替すると、背面は白っぽいが、頭部は黒くて先ほど電柱に止まっていたのとは明らかに違います。以前に左岸の丘陵で見たのと同じようです。と、また同じ方向から一羽飛んで来て、同じ杉の梢近くの枝に止まりました。なんとこれも白っぽく、頭も白っぽくて、これは先ほど電柱に止まっていたものです。すると先に来ていた頭が黒っぽいのが腹部の羽毛を膨らませ、お辞儀するような格好で威嚇するように鳴き、後から来た頭部が白っぽいのはすぐ逃げるようにして、もと来た方へ飛び去って行きました。

これで疑問は一挙に解決しました。灰色のハシボソガラスは三年後も二羽とも健在で、日頃は菊池川を境にして右岸側に頭部が白っぽいのが、左岸側に黒っぽいのがというよう

頭部まで白っぽい白変したハシボソガラス　1996 年 8 月 15 日
※写真は上・下とも熊本県山鹿市川辺で
頭部は黒っぽい白変したハシボソガラス　1996 年 11 月 16 日

頭部まで白っぽい白変したハシボソガラス
※写真は上・下とも 1996 年 10 月 20 日　熊本県山鹿市川辺で
頭部は黒っぽい白変したハシボソガラス

に大まかに棲み分けていて、ときにはこのように出会うこともあるようです。二羽がそろったときの写真が撮れなかったのが少々残念です。

▼黒くなければ仲間外れに

久しぶりに平成八年（一九九六）九月二十八日の午後から訪ねますと、どこに潜んでいたのか、突然のようにハシボソガラスとハシブトガラスとが入り交じり一〇羽以上で菊池川右岸の丘陵端の上空をガァガァ、カァカァと鳴き騒ぎながら乱舞し始めました。この場所でこれだけの数のカラスの群れを見るのは初めてで、季節の移《うつろい》を感じました。と、助手席から双眼鏡で見ていた妻が〝白いのもいる〟と言いました。指差す先を見ると確かにいて頭部が白い方です。先頭きって飛んでいるというより、ほかのカラスたちから追われて逃げ回っているといった感じで、まるで鬼ごっこでもしているようです。と、もう一羽白っぽいのが上流の方から飛んで来て群れに加わろうとしました。するとそれに気づいた群れのうちの四羽がその新参の白っぽいカラス（頭が黒い）の方に矛先を変えました。群れは二手に分かれて二羽の灰色カラスをそれぞれ執拗に追いかけ回し、灰色カラスが木に止まると、追いかけていたカラスたちも近くの枝に取り巻くように止まってなじるように鳴き騒ぎました。灰色カラスがいたたまれないように飛び立って逃げようとすると、すぐまたその後を追いかけていました。灰色カラスたちは群れに加わりたいようですが、なぜ追いかけられるのか訳が分からずとまどっているといった感じでした。

カラスはどうやら黒いもの以外は忌避し、排斥するようです。そういえばかつて新潟県内でハシボソガラスの同じ番いとみられるものから八年連続して孵った合計一〇羽の白い雛（白子九羽、部分白変一羽）は、全て通常の巣立ち前に巣から落ちているところを保護されて、それで白いことが知られたものばっかりであったことが思い出されます。おそらく雛に白い羽毛が生え始めると、それに気づいた親鳥は給餌を拒否したのでしょう。それで雛は空腹のために早めに巣を離れ、それで落ちたと考えられます。

この灰色カラスになかなか出会えなかった訳も分かったような気がします。顧みますと、この日以前に出会えた時は、単独か灰色カラス同士の二羽だけのことだったようです。ほかのカラスたちから追いかけ回されるのを恐れてきっとひっそりと生活していたのでしょう。カラスはやはり黒くなければならないようで、黒さを維持するために黒以外のものは本能的に排斥しようとしているのではないでしょうか。

翼が白いハシボソガラスが二羽も！

柿の実を啄む野鳥を撮影しようと、熊本市西区にある万日山（一三六㍍）の西麓、池上町の県道２３７号（小島新町線）沿いを探し歩いていると、西脇の刈田で採餌していた数羽のハシボソガラスが私を警戒したようで一斉に飛び立ちました。と、その中にやけに白っぽいのが一羽いました。採餌している時には全く気づきませんでしたが、その白さにビックリさせられました。平成二十九年（二〇一七）十二月十二日の午前中のことです。

飛んだときに白さが目立ったということは、翼が白いということで、どのように白いのか詳しく見たいと思いました。ハシボソガラスが集まっていた場所には稲の藁屑《わらくず》がかき集められていて、たぶん落ち穂を漁っていたのでしょう。その藁屑の量からして、またきっと食べにやって来るでしょう。それで、二日後の十二月十四日に、ハシボソガラスのバイオリズムを考えて、ほぼ同時刻に訪ねてみました。予想は的中し、先日と同じ場所に同じ

翼が白変したハシボソガラス

※写真は上・下とも 2017 年 12 月 14 日　熊本市西区池上町で

翼が白変したハシボソガラス（左）と普通のハシボソガラス（右）

翼が白変したハシボソガラス
2017 年 12 月 14 日　熊本市西区池上町で

翼が白変したハシボソガラスが 2 羽も
2017 年 12 月 22 日　熊本市西区池上町で

集団とみられる数羽のハシボソガラスが落ち穂を漁っていて、その中に翼に白羽があるものもいました。警戒して飛び去られないように距離をとって注意深く見守っていますと、すぐ脇の用排水路に水飲みに舞い下り、翼を開いた瞬間を撮影できました。まだ若い個体で、両翼とも初列風切と次列風切、それに初列雨覆と小翼羽の大部分が白変していて、白羽は翼全体の半分以上を占めています。それで飛んだ時に白色が目立ったわけが分かりました。翼のほかにも下尾筒に鱗状の白斑が認められました。

それから八日後の十二月二十二日には、その場所より南寄りの刈田で、翼に同じような白羽があるハシボソガラスがなんと同時に二羽も見られました。二羽は常に連れ立って行動していて同腹の兄弟か姉妹と思われ、そのうちの一羽は白羽の様子から最初に見たのと同じ個体でした。

白いハシブトガラス

熊本県内最古の山城、鞠智城跡（国指定史跡）を平成十四年（二〇〇二）十一月二十四

日に訪ねたときの正午ちょっと過ぎのことでした。東方の丘陵上空で、突然のようにカァカァ、ガァガァ、カラララ……とハシブトガラスとハシボソガラス、それにミヤマガラスもが入り交じって百羽以上もの集団で鳴き騒ぎながら乱舞し始めました。何事が起きたのだろうかと双眼鏡で見ていると、その集団の中に白いのが一羽いて、よく見るとそれはハシブトガラスでした。

　撮影のために一週間後の十二月一日に訪ねますと、白いハシブトガラスは土着しているようで、今度は近くから詳しく見ることができました。体全体は足まで白いが、嘴と眼、それに顔は黒くて眼を隈取るように上下に半円形の不明瞭な白条があります。全身が真っ白というわけではありませんが、それでも見事な白さです。普通の黒いハシブトガラス二羽と一緒に三羽で行動していることが多く、それ以外のハシブトガラスやハシボソガラスの群れに出会うと追いかけられて逃げることが多く、どうも弱い立場にあるようでした。白いハシブトガラスは、鳴き方や求愛給餌（コートシップフーディング）の行動から雄であることが分かりました。

　首に双眼鏡をぶら下げて、五〇〇ミリと六〇〇ミリの望遠レンズ付きのカメラ二台をそれぞ

白変したハシブトガラス（下）は普通のハシブトガラス２羽と共に３羽で行動していた。
2002 年 11 月 24 日　熊本県山鹿市菊鹿町で

白変したハシブトガラス（雄）〈右〉2002 年 12 月 6 日〈左〉2002 年 12 月 22 日

※写真は 3 枚とも熊本県山鹿市菊鹿町で

白変したハシブトガラス〈中央〉は普通のハシブトガラス 2 羽と共に 3 羽で行動していた　2002 年 12 月 28 日

れ三脚に据え付けて、白カラスの出現を待ち構えていますと、その姿がよほど珍しく見えるのか、近くを通りかかった何人もが歩を止め、あるいは車までわざわざ止めて話しかけてこられました。このあたりに住んでいる人たちには白カラスはかなりひろく知られているようで、四、五年前から見かけているとのことでした。

それで写真はというと、警戒心が強くてなかなか近づけず、大きくは撮れませんでしたが、なんとか数枚は撮れ記録はできました。

亜種ムナジロカワウモドキ⁉

「阿蘇南郷谷の一心行《いっしんぎょう》のヤマザクラの大木は今が満開」との情報をテレビで知り、天気も良いので久しぶりに阿蘇路をドライブすることにしました。平成三十一年（二〇一九）四月六日のことです。

熊本市の市街地より高い阿蘇カルデラ内ではサクラにコブシやモモ、それに菜の花なども今が満開で春真っ盛りといった感じでした。南郷谷東端の高森から国道２６５号線を通り、箱石峠を越えて阿蘇谷へ下り、阿蘇神社に参拝後、国道57号線を通って熊本市の方に向かって帰っていると、永草の国道57号線沿いにある溜池畔の林にカワウのコロニーができていました。『阿蘇・森羅万象』を出版した十年前の平成二十一年（二〇〇九）までにはありませんでしたので、阿蘇にはずいぶん訪れていなかったことを改めて思い知らされました。その間に阿蘇は九州北部豪雨や熊本地震などの大きな自然災害を受けて地形や植生なども以前とはだいぶ変化したとのことでしたので、私の心中には以前のままの阿蘇の素晴らしい自然の姿をとどめておきたくて気にはなるものの訪れるのを意識的に避けていましたが、野鳥の社会はどうやら大丈夫だったようです。

カワウは、平成四年（一九九二）頃から全国的に増加傾向にあり、平成十九年（二〇〇七）には魚食害などで狩猟鳥に指定されて駆除されるほどに各地で増加しています。つい先月の二十八日に、阿蘇カルデラへの出入口、立野火口瀬のダム建設現場で見かけた、白川の下流方向から上流方向に飛んで行った一羽のカワウは、おそらくここへ向かっていたのでしょう。車を国道脇の空き地に止めてよく見ることにしました。

コロニーがあるのは一本の大きな木で、たぶんコブシでしょうが、木全体が糞で白くなっていて、生きているのか枯れているのかさえはっきりしません。巣は三〇個以上あって、造りかけのものから、抱卵中らしきものや育雛中のものまでさまざまで、雛の大きさもまちまちです。また、下方の枝上にはアオサギやダイサギの巣もそれぞれ一個ずつあって、どうちらも抱卵中のようでした。

観察していますと、木の半ばほどの枝に止まっている一羽のカワウの腹面がやけに白くて気になりました。太陽光を反射して白く見えているのでもなさそうで、双眼鏡で確認すると、やはり羽毛そのものが白かったのです。幼鳥の腹部は成鳥のより色が淡いが、白さの程度が全然違います。それに背面の黒さから成鳥とみられます。また、親鳥が雛を抱いている巣の方を向いて見守るようにじっと止まっていることから雄親かと思われます。

カワウは、南アメリカ大陸と極地を除く、ほぼ全世界中に広く分布していて七つの亜種に分けられていますが、そのうちの東アフリカ産の亜種ムナジロカワウ（英名はwhite-breasted cormorant）*Phalacrocorax carbo lucidus* の幼鳥の羽色によく似ています。しかし、喉から頸の前面、胸、腹にかけて白いが、両脇や下腹部に黒斑があるのが違って

腹面が白変したカワウ（左上） 2019 年 4 月 6 日　熊本県阿蘇市永草で

います。また、ムナジロカワウの全長は九〇センチメートルほどで、七亜種中で最も小さい日本産の亜種 *P.c.hanedae* の八二センチメートルより大きいが、周囲にいるものと大きさに差はみられません。それに第一、東アフリカから飛来したなどとはとても考えられず、日本産の亜種が部分白変したものとみるのが穏当でしょう。カワウには亜種ムナジロカワウがいるように、もともと腹面の羽毛は白くなり易いのかもしれません。いずれにせよ珍しい羽色のカワウであることには違いなく、久々の阿蘇行での思わぬ成果でした。

白いオオバン

平成三十年（二〇一八）十二月十八日付の『熊本日日新聞』朝刊の「白いオオバン浮島さんに」の見出し記事に添付の鮮明なカラー写真に目を奪われました。写真はなんでも写真愛好家からの投稿だそうで、嘴から額板にかけて白いほかはほぼ全身が黒いオオバンが、なんと全身が殆んど真っ白で、脇と胸、それに前頸部に僅かに小黒斑があるだけです。

白変したオオバン（前方）と普通のオオバン
〈右〉2018 年 12 月 18 日・〈上〉2019 年 3 月 12 日　熊本県上益城郡嘉島町井寺の浮島さんで

ちょうど白い鳥の観察記録を整理していたときですので、これもぜひその目録（リスト）に加えたいと思いました。

　浮島さんまでは自宅から一〇キロメートルもありませんし、午後から天気も良さそうなので、さっそく訪ねてみました。阿蘇外輪山西麓一帯には伏流水が湧出する池や湖が各所にあって浮島さんもそれらの一つです。上益城郡嘉島町井寺にあって、東西方向にやゝ細長い二・五ヘクタールほどの湧水池で、ほぼ中央部に東側から突出した浮島熊野座神社の境内は平らで浮いているように見えることから、その名で親しまれています。そのすぐ西隣には矢形川も流れており、一帯は水郷となっています。北岸には木々が茂り、駐車場もあって公園になっており、年中、釣りをする人や野鳥を撮影する人の姿があります。年間を通して水温一八度前後という豊富な湧水は澄んでいて、最深部でも六メートルほどと浅くて水草も多く、カワセミやカイツブリなどのほかに、特に冬季には多数のカモ類やバン類、カワウなどの水鳥で賑わっています。それで目当ての白いオオバンは、超望遠レンズを付けたカメラを構えた先客がいましたのですぐ見つかりました。しきりに採餌していて、潜ってはオオカナダモを大量にくわえて浮上すると、すぐヒドリガモやオカヨシガモなどが横取りしようとまとわりついていました。普通のオオバンも数羽いましたので、それらと一緒に写し込もうと機会をねらい、なんとか数枚撮影できて目的を果たすことができました。

白雀

白雀が日本史に初めて登場するのは、皇極元年（六四二）七月二十三日で、『日本書紀』によると、その日、時の執政、蘇我入鹿の子が白い小雀を捕り、その同じ日に白雀が籠に入れて贈られてきたので入鹿は不思議がった、とあります。白雀は瑞鳥とされ、仏教では観世音菩薩の化身として、それぞれ崇められていて捕らえると、天皇や時の権力者などに献上するのが慣例になっていたようです。『続日本紀』によると、神亀四年（七二七）正月三日に河内国（現在の大阪府）で捕らえた白雀が左京職を介して聖武天皇に献上されていますし、神護景雲四年（七七〇）五月十一日に大宰師から光仁天皇に白雀一羽が献上され、その際は褒賞として稲千束が下賜されています。白雀の献上を最も多く受けられているのは桓武天皇で、延暦十年（七九一）七月二十二日に伊予国（現在の愛媛県）から、延暦二十三年（八〇四）正月朔日と同年四月二十八日に近江国（現在の滋賀県）から、同年五月二十三日に斎宮寮からと計四羽も受けられています。

私が住んでいる熊本県内からも白雀が江戸幕府に献上されています。県南部の人吉・球磨地方を鎌倉時代から幕末まで約七百年間にわたって統治していた相良藩についての史書『歴代嗣誠獨集覧』（藩士、西源六郎昌盛編纂）によると、寛文三年（一六六三）十二月十八日に、第二十一代藩主、相良壹岐守頼寛から白雀一羽が江戸藩邸の御用人、冨岡九左衛門を介して阿部豊後守に進上され、江戸城内では板倉筑後守に披露されたとのこと。その後、白雀が時の第四代将軍徳川家綱の目まで届いたかどうかは不明ですが、同日付けで阿部豊後守から相良壹岐守頼寛宛に礼状が届いています。

私はこれまで、全身がほとんど白いスズメや頭部だけ白いスズメ、全身がモザイク状に白いスズメなどを野外で見、それぞれ写真も撮っています。

綿帽子雀

平成三年（一九九一）二月三日の午後四時半頃のことです。所用で、白川と坪井川を境する加藤清正が築造したという石塘を下流の白川橋の方へ自転車で向かっていると、左下の白川河川敷から突然スズメが一〇羽ばかり飛び立ちました。何に驚いたのだろかと見ると、その中にやけに白っぽいのが一羽いました。籠抜けしたセキセイインコでも交じっているのだろうと思って河川敷に下りたのを確認すると、なんとスズメが白変したものでした。地上では翼や尾羽の白羽は殆んど目立たず、頭部の白さだけが目立って、まるで綿帽子でもかぶっているようです。嘴や眼の色は普通のスズメと変わらず、喉の黒帯もはっきりしています。喉の黒帯は、スズメ属（*Passer*）の鳥一五種中の一三種の雄（スズメで雌にも）にあり、スズメ属の鳥にはかなり象徴的な優生の形質なのでしょう。このような頭部の白変は体の部位では比較的生じ易いのでしょうか。江戸時代の鳥類図譜にも同じような図があって「綿帽子」と記されています。なお、白変ではありませんが、頭部の白色が目立っている鳥には、アメリカの国鳥ハクトウワシ（タカ科）や、日本でも八重山諸島に

綿帽子雀（中央）と普通のスズメ　1991 年 2 月 11 日　熊本市中央区本山町の白川左岸で

生息しているシロガシラ（ヒヨドリ科）などがいます。

　その後も白川橋と、その一つ上流側にある泰平橋との中間地点より泰平橋寄りの、主に左岸の河川敷（幅五〇㍍×長さ二〇〇㍍の範囲）で、二月十一日まで見られていましたが、その場所がコンクリートブロック置き場になると見られなくなりました。

　それからだいぶして、五月十五日夕方六時からのＮＨＫテレビのローカル・ニュースで、例の綿帽子雀が泰平橋際のビルの換気孔に出入りしているのを見て、健在で営巣しているらしいことを知りホッとしました。

白雀

　平成七年（一九九七）十二月八日の昼休みでのことです。面識がない未知の女性から若々しい声での嬉しい電話がありました。なんでも白いスズメがいて餌付けもされているというのです。それは熊本市営秋津団地のすぐ近くとのことですので、なんと校区内で学校から二㌔㍍くらいの場所です。全くもって灯台下暗しの話で少々複雑な気もしたが、有難い情報で感謝の気持ちでいっぱいです。

それで五日後の十二月十三日（土）にさっそく朝から訪ねてみました。熊本市営秋津団地と道ひとつ隔てた東隣の日用食料品店の店主に白スズメを見に訪れたことを話していると、「今来た!!」と言って指差される方向に振り向くと、店先の自動販売機の上に五、六羽のスズメがいて、その中になんと白いのが一羽いるではありませんか。なんとも呆気ない出会いです。店主が店先にパン屑をまくと一斉に舞い下りて啄み始めました。店の前はバス停になっていて車や人の往来が激しいが、人なれしているようで人をあまり警戒していないようです。

全身が殆んど白いが、よく見ると眼は赤くはなくて黒っぽく、頭上や耳羽の部分はかすかに褐色みを帯びていることから完全な白子（アルビノ）ではなくて、淡化とかバフ変(leucistic《リューキスティク》)といわれる部類でしょうが、いずれにせよ見事な白さです。白色は実際より膨張して見えますが、それでもほかのスズメより少し小さめに見えました。

パン屑は数年前から与えているそうで、白いスズメは今年の五月初めに親鳥に連れられてやってきたそうで、連れられていたのはこの白いスズメ一羽だったそうです。当初は毎

白雀（右）と普通のスズメ　1997年12月13日
※写真は上・下とも熊本市東区秋津町で
白雀（左）と普通のスズメ　1997年12月25日

日やって来ていたが、九月末から来なくなって心配していたところ十一月末から再びやって来るようになったとのことでした。

その後も写真撮影や行動圏を調べるために何度か訪ねましたが、行動圏は意外と狭く、主に、店の北隣にある民間の駐車場と、道向かいの市営団地の駐車場にいて、すぐ北側を東西方向に通っている県道画図秋津線を越えることはなく、東西方向は最大で一四三メートル、南北方向は最大で九〇メートルの範囲内で行動していました。

年明けにも訪ねてみようと思っていたところ、店主から電話があって一月九日には白いスズメの尾羽が無くなっているのに気づき、一月二十三日の夕方までは見かけたものの、それ以降は見ないとのことでした。二十三日未明から熊本県内は大雪になり、熊本市内でも十一年ぶりに二センチメートルの積雪がありましたので、この雪と寒さに耐えられなかったのでしょうか。

綿帽子斑雀

平成十四年（二〇〇二）九月十二日もいつものように始業前の決まった時間に、熊本市郊外の勤務先周辺の田園地帯に決めたコースで早朝のバードウォッチングを楽しんでいました。すると農道左手前方の乾田から何に驚いたのか突然パッと百羽以上ものスズメの群れが飛び立ち、その中にやけに白っぽいのが一羽いました。群れはすぐまた元の場所に舞い下りましたので、よく見ようと逃げられないようにそっと近づきますと、スズメが部分白変したものでした。頭部は綿帽子でもかぶったように白くて嘴まで白っぽいが、眼は黒っぽくて喉の黒帯もあります。体の部分には白い羽毛が左右非対称的に半分くらいモザイク状にあります。しかし、飛ぶと全身が白いように見えました。

翌日以降もだいたい近くの場所で同規模のスズメの群れは見られましたが、白いのはいませんでした。それで忘れかけていたところ、四か月後の平成十五年（二〇〇三）一月十日の朝に、最初に見かけた場所の近くにいる群れの中に再発見しました。その翌日の十一日の朝は、前日の場所から北東方向に二〇〇㍍の乾田にいる群れにいました。その後四日間は見かけませんでしたが、十六日の朝には、県道神水川尻線を越えた北側の乾田で見られ、それ以降は二十日まではほぼ同じ場所で見られました。

綿帽子斑雀　2003 年 1 月 18 日　熊本市東区画図町で

これまでに分かった行動圏は、灌漑用の幅一〇㍍にも満たない南流する大井手川に沿うように、それとはほぼ直交して東西方向に通っている県道神水川尻線をまたいで南北六六〇㍍、東西二〇〇㍍の長方形をした範囲になります。これは先述の白川河川敷にいた綿帽子雀の十三倍もの広さになります。非繁殖期（越冬期）の行動圏の広さは、群れの規模や、その場所の食物量によって大きく変わるようです。

白燕

ツバメは、スズメと共に稲作を通して日本人に最も身近になった鳥で、どちらも人家に営巣しています。スズメは稲を食害することもありますが、ツバメは稲の有害虫や病原体を運ぶカやハエなどの衛生昆虫などを食べてくれることから愛され大切にされています。また、ツバメの巣は椀形で育雛の様子がよく見え、ほほえましいことから人目をひきやすく、白い雛が孵ったりすると、ほかの鳥より見つかりやすくなります。

同じ巣で白い雛が二度も誕生

昭和五十五年（一九八〇）五月二十九日付の『熊本日日新聞』朝刊によると、上益城郡矢部町（現・山都町）田小野のSさん宅でツバメの白い雛が三羽も育っているとのことで、添付の写真によると雛は巣に六羽いて、なんとその半分の三羽もが白いのです。ただ眼はどれも黒っぽく見え、記事にも真っ黒と書いてありますので完全な白子（アルビノ）ではなさそうです。それでも見事な白さで、見てみたくなりました。

六月一日は梅雨入り前の、家にじっとしているのはもったいない晴天の日曜日です。ツバメの白い雛は新聞写真での大きさからして、たぶんもう巣立っているでしょうが、近所にはまだいるかもしれません。それでドライブがてらに訪ねてみることにしました。阿蘇の南外輪山南麓の一画に小さな「たおのばし」があり、そのすぐ橋向かい左岸の小高い丘上に牛舎があってツバメが何羽も出入りしていて、すぐそこだと分かりました。

事前に連絡もしないでの突然の訪問にもかかわらず、新聞で知っての旨を話しますと、人が良さそうな年配のご婦人は、遠路わざわざということで嫌な顔もされずに親切に対応して下さいました。二階部分が倉庫になっている牛舎には赤牛が一〇頭ほどいて、一階部分の大きい木製の梁にはツバメの巣が七個もあって集団営巣しており、ツバメが牛の背をかすめるように飛び交っています。雛がいる巣もありますが、白い雛は予想どおり残念ながら二、三日前に巣立ったそうで、その後は近所でも見かけないとのことでした。しかし、白い雛が巣立ったという巣では、その親鳥とみられる雌雄が泥を交互に運んで来ては巣の縁を盛り上げていて、早々と二回めの繁殖の準備をしているようで希望がもてました。

それから約四〇日後に待望の嬉しい電話がありました。以前に白い雛が巣立った同じ巣で、また白い雛が孵っているのに二、三日前に気づいたそうで、後二、三日以内には巣立ちそうだとのことでした。

七月十日は大雨注意報が出ているあいにくの悪天候でしたが、この機会は逃すまいとさっそく出向き、今回はなんとか間に合いました。雛は五羽で、そのうちの一羽が白くて目立っていました。一見真っ白く見えますが、よく見ると、眼は灰色で、頭上から背にかけてかすかに灰色がかっており、喉もかすかに褐色がかっていました。体の大きさはほか

ツバメの白い雛（右）　1980 年 7 月 10 日　熊本県上益城郡山都町田小野で

の四羽より少し小さく見えました。なんでも先の三羽も同じような白さだったとか。

その後の電話で、白い雛は、私が訪ねた三日後の七月十三日朝にはほかの四羽より一日遅れて無事に巣立って行ったとのことでした。同じ巣で二度も白い雛が合計四羽も巣立ったのは極めて珍しいことではないでしょうか。

まだ巣の近くにいた白燕

平成十九年（二〇〇七）五月十六日付の『熊本日日新聞』朝刊によると、球磨郡錦町西の酪農業Sさん宅の玄関先のツバメの巣で四月上旬頃に孵った雛五羽のうちの一羽が成長するにつれて白いことに気づいたそうです。添付の雛のアップのカラー写真では、嘴まで見事に白いものの眼は黒く写っていますので完全な白子（アルビノ）ではなさそうです。雛は今日にも巣立ちそうな大きさですが、間に合えば実物を見てみたくなりました。

球磨郡は勤務の関係で計十一年間住んでいたことがあり、場所の見当もだいたいつきましたので、さっそく翌朝に訪ねてみました。途中で錦町役場に寄って妻の中学生時代の同級生に念のため場所を確認すると、Ｓさん宅は西の永野でちょっと分かり難いので案内しましょうということで、お言葉に甘えさせてもらうことにしました。それでツバメの白い雛はというと、なんと今朝の九時過ぎに巣立ったとのことで、またしても今回も惜しくも残念でした。現地に着いたのが十時ちょっと過ぎでしたので、あと一時間早く着けばよかったのですが後の祭りです。しかし、巣には雛がまだ二羽残っていますので、巣立ってもそう遠くまでは行っていないでしょう。白い雛に気づいて巣立つまでの経緯などについての話などを聞いていますと、十時半でした、例の白いツバメが何の前触れもなく帰って来て、家の周囲を飛び回り、そのうち家と小道ひとつ隔てた栗畑の道に面したクリノキに止まりました。全身が殆んど白く、嘴や足は少しピンクがかっており、ただ眼だけが殆んど黒くて不思議です。光線の具合によっては背面が少し灰色がかっているようにも見えますが、一見白子（アルビノ）と見間違えそうな見事な白さでした。写真も撮れ、やはり訪ねただけのかいはありました。

白燕（幼鳥）　2007 年 5 月 17 日　熊本県球磨郡錦町西で

孤独な白燕

昭和五十五年（一九八〇）九月十四日も、いつもの日曜日のように慣例的に横島干拓地を訪ねますと、見慣れない白っぽい鳥が一羽飛んでいました。コアジサシにしては小さいし、飛び方も違います。双眼鏡で確認すると、なんとツバメが白変したものでした。干拓地の上空を飛び回っていましたが、そのうちに飛び疲れたのかコンクリートの防波堤上に下りました。それで逃げられないようにそっと近づいて近くから見ますと、翼は白いが、後頭部と雨覆や尾羽は淡い灰褐色で、眼と嘴、それに足は黒っぽくて、胸は淡い褐色をしていました。しかし、翼と腹部が白いので、飛んでいるとかなり白っぽく見えます。翼の羽はどれも縁が擦り切れているようでボサボサしており、まるで歯が欠けた鋸のようです。こんな翼では遠い南方の越冬地まで無事に渡れるか心配になりました。

白変したツバメ（幼鳥）
〈上〉1980 年 9 月 27 日
〈下〉1980 年 9 月 13 日
熊本県玉名市の横島干拓地で

白いカワラヒワ

初任の相良南中学校での昭和四十四年（一九六九）二月二十二日（土）のことです。科学クラブの男子生徒が「家の近くの田畑に群れているカワラヒワの中に全身が白いのが一羽いるのを見た」と知らせてくれました。生徒の家は川辺川左岸に広がる通称〝高原《たかんばる》〟と呼んでいる丘陵上の一画、朝の迫集落にあり、学校から東北東方向約五キロメートルほどの場所です。土曜日でしたので放課後の午後からさっそく案内してもらいました。

一帯の田畑は戦後に開拓されたもので、緩やかな起伏が連続する広い丘陵上には茶畑や桑畑、牧草地、それに昨年に完成したばかりという田などがモザイク状に連なっています。案内されるままに後について行くと、あちこちからカシラダカとホオジロの混群やカワラヒワとアトリの混群などがパラパラと飛び立ちます。しかし、白いカワラヒワは残念ながらその日は見られませんでした。

翌、二十三日（日）は朝から訪ねてみますと、昨日より大きいカワラヒワの群れがいて、

白変したカワラヒワ（左端）と普通のカワラヒワ　1969年2月28日　熊本県球磨郡相良村朝の迫で

白変したカワラヒワ（右）と普通のカワラヒワ（左）
※写真は上・下とも 1969 年 3 月 1 日
熊本県球磨郡相良村朝の迫で

その中に全身が白いのが確かに一羽いました。腐植混じりの黒い田畑の土の上では白さが余計に際立って見えます。よく見ると、背の部分は少し黄色みを帯びており、眼も黒っぽく見えることから完全な白子（アルビノ）ではなさそうです。属している群れは冬鳥として渡来している大型の亜種オオカワラヒワであることから、この白変個体も同じ亜種オオカワラヒワとみられます。このように白いと天敵にも目立って狙われやすいでしょう。それなのに遠路よくぞ無事に渡来できたものです。

その後も写真を撮るために何度も訪ね、三月十五日までほぼ同じ場所で見られました。

セジロセキレイ⁉

昭和四十五年（一九七〇）三月八日（日）、これといった目標もなく、なんとなく自然との未知の出会いを漠然と期待して、球磨川支流の万江川左岸の堤防上をバイクで上流方向に走っていました。すると前方の道路上でやけに白っぽい鳥が大きめの餌を持て余し気味

部分白変したセグロセキレイ
※写真は上・左頁上・左頁下の３枚とも1969年３月12日　熊本県球磨郡山江村城内の万江川左岸で

でいました。ハクセキレイにしては白すぎますので確認しようとバイクを止めて双眼鏡を出していますと、ジジッ、ジジッと鳴いて飛び立ち、川原に下りてしまいました。その鳴き声から意外にも、なんとセグロセキレイが白変したものでした。川原に下りて双眼鏡でよく見ると、普通は黒い頭から上背、胸にかけてと、腰の部分は殆んど白く、胸と後頸の一部に黒い羽が僅かに三、四枚あるだけで、背の部分も二条の不明瞭な黒帯があるだけです。翼と尾羽、それに嘴と眼は普通の個体と変わらないようですが、足は白っぽく見えました。

　四日後の十三日に撮影に訪ねると、ほぼ同じ場所にいて、普通の羽衣の個体と一緒に行動していて、また新たな楽しみができました。

白鴨

鴨は葱と共に鴨鍋のおいしい食材として捕られてきた歴史があることから人目をひき、

部分白変したマガモ（雄・左）と普通のマガモ（雄・右） 1969 年 2 月 11 日　鹿児島県出水市荒崎で

白変した珍しいものなどもほかの野鳥よりも発見されやすいようです。

私もこれまでマガモやコガモ、カルガモ、オカヨシガモなどで白変したものを見、写真も撮っています。

白いマガモの雄

昭和四十四年（一九六九）二月十一日に熊本野鳥の会（現・日本野鳥の会熊本県支部）主催の探鳥会で鹿児島県の出水平野を訪ねたとき、出水市荒崎のツルへの給餌場周辺に群れるマガモの中に胴体部分だけがやけに白いマガモの雄が一羽交じっていて目立っていました。なんでもツル保護監視員の又野末春さんの話によると、数年前から毎冬ほぼ同じ場所に渡来しているとのことでした。小さいながらも写真も撮れ、良い記念になりました。

白いコガモの雌

白変したコガモ（雌） 1974 年 1 月 26 日　熊本県玉名市の横島干拓地で

昭和四十九年（一九七四）一月二十日も、いつもの日曜日のように慣例的に横島干拓地を訪ねて野鳥観察をしていますと、第一工区（菊池川河口左岸側）の水溜りに群れるコガモの中にやけに白っぽいコガモの雌一羽が交じっていました。胴体部分は背面に少し淡褐色の羽毛があるだけで全体的に白くて、飛ぶと翼鏡だけは普通のコガモの雌とあまり変わらない色をしていました。その後も二月三日（日）までほぼ同じ場所で見られ、写真も撮ることができました。

白いカルガモはマガモと番いか？

昭和五十九年（一九八四）一月十五日に鹿児島県の出水平野にツル見物に訪ねたとき高尾野川にマガモの雄と一緒に白いアヒルのような鳥がいました。双眼鏡で確認すると、嘴は黒くて先端部分が黄色く、なんとカルガモが白変したものでした。体は真っ白ではなくて、前半分には淡褐色の羽毛がかなり広くあることから淡化とかバフ変した個体といったほうが相応しいでしょう。いずれにせよ予期せぬ珍鳥に出会い、小さいながらも写真も撮

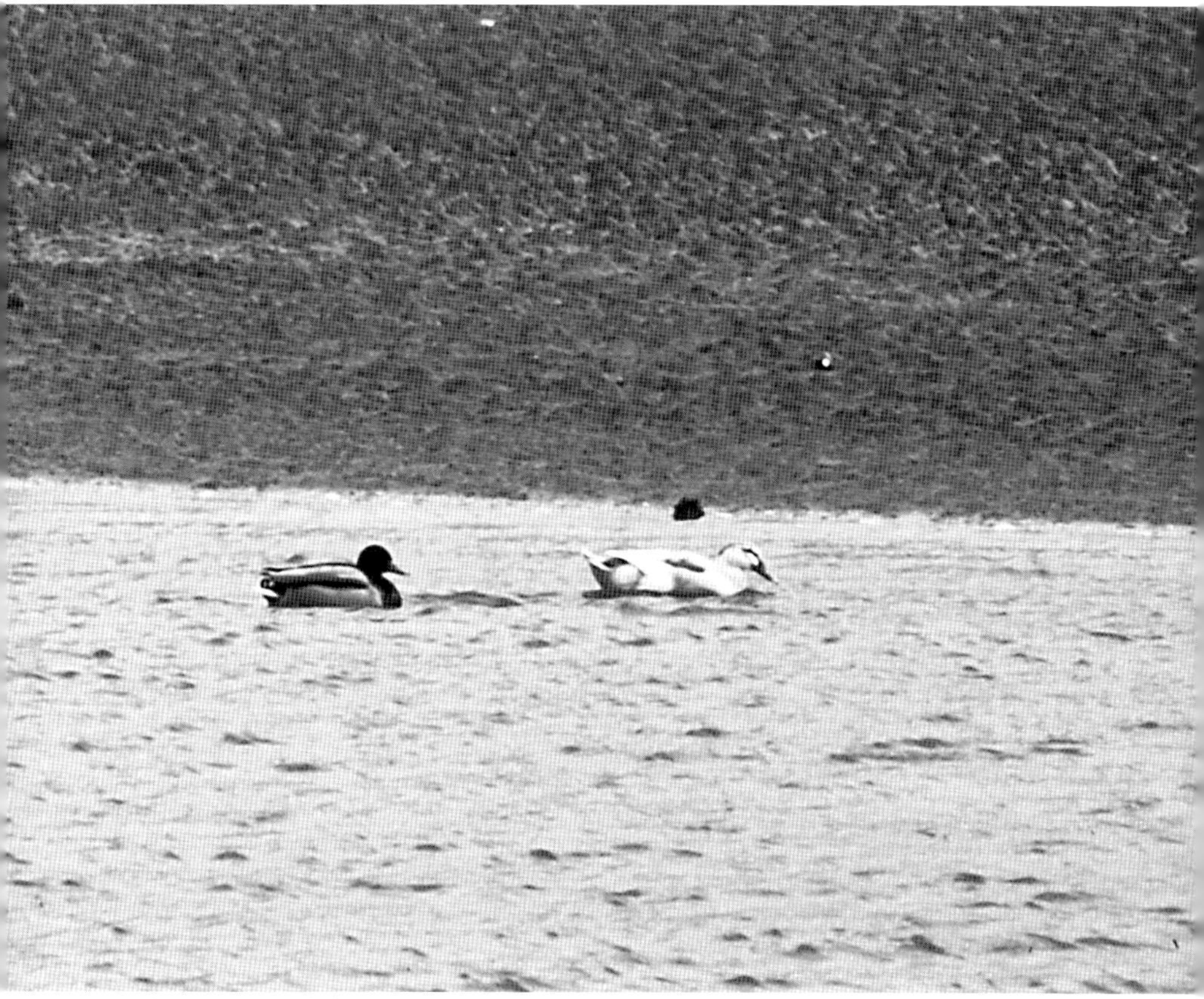

白変したカルガモ（右）とマガモ（左）の雄　1984 年 1 月 15 日　鹿児島県出水市高尾野町の高尾野川で

れ、良い記念になりました。

白いがために狙い撃ちされたカルガモ

昭和六十年（一九八五）十二月二十八日のテレビのローカル・ニュースで白川にアカツクシガモが飛来していることを知り、家から割と近くの場所でしたので、さっそく見に出かけました。熊本市の中央部を流れている一級河川の白川は蓮台寺町で右方に多きくカーブして有明海に向かって西流しています。そのカーブ部分の内側（右岸）にはメダケが茂っていて川面に覆い被さるようにせり出しており、ゴイサギが集団で休んでおり、その下のよどんだ川面には二、三〇羽のカルガモがのんびりと浮いて休んでいます。そのカルガモの群れの中に白いのが一羽いて目立っています。捨てられたアヒルだろうかと双眼鏡で確認すると、なんと嘴は黒くて先端部分が黄色く、過眼線もあって、なんとカルガモが白変したものでした。頭上と背、それに翼の一部に淡い褐色みを帯びた羽毛が少しありますが、以前に鹿児島県の出水で見たものより全体的に白く見えます。目当てのアカツクシガモは残念ながら見られませんでしたが、思わぬ珍鳥が見られて出かけただけのかいはありました。

十二月三十一日、正月の準備も早めに済みましたので、午後から再び訪ねてみました。しかし、先日に見かけた場所にはカルガモはいませんでした。それでカモ類がいそうな場所を川沿いに探していますと、午後四時半に、最初の場所から上流約四㌖の長六橋下の中洲に休んでいるヒドリガモなどのカモ類の中にいるのを見つけてホッとしました。

年明けの一月二日に朝から訪ねますと、最初に見た蓮台寺町の同じ場所に二〇羽ばかりのカルガモがいて、その中にいました。その後もほぼ同じ場所で、同じとみられる群れと共に一月十一日まで見られました。

しかし、その後は探しても見つかりませんでしたが、その後の消息は意外なかたちで判明しました。昭和六十一年（一九八六）二月十二日付『熊本日日新聞』朝刊の「びっくり白いカルガモ」との見出し記事でです。添付の剝製の写真は私が見ていたのとそっくりではありませんか。なんでも一月二十日午後に有明海沖で二〇羽くらいの群れにいるのを沖新町のWさん（五十四）が猟銃で仕留めたとのことで、見られなくなった時期とも一致し

白変したカルガモ（前方）と普通のカルガモ（後方）　1986 年 1 月 2 日　熊本市西区蓮台寺町の白川で

ます。白いと目立って天敵に狙われやすくて生存上不利とみられていますが、この白いカルガモにとっての最大の敵はなんと人でした。白い鳥で狩猟鳥になっているものは無く、カルガモの群れの中にいたとはいえ、おそらく双眼鏡も使わずにカルガモ（の白変個体）と見分けた識別力はたいしたものです。狩猟鳥でも白くなったら瑞鳥で、罰があたらないといいですが。

白川の長六橋から河口の有明海まで約一二キロメートル、非業の死をもって教えてくれたカルガモの冬季の行動圏の広さについての知見の一端です。冥福を祈ります。

白くても元気に生きているカルガモ

平成二十七年（二〇一五）十二月十七日付の『熊本日日新聞』朝刊の「白いカルガモ縁起がいいかも?」との見出し記事に添付のカラー写真の見事さに目を奪われました。珍鳥なのに鮮明で、しかし普通のカルガモと並んだ瞬間を捉えた構図はあっぱれです。全体的に白いが、嘴は普通のカルガモのと大差が無く、眼も黒っぽくて過眼線も明瞭で、白

白変したカルガモ（後方）と普通のカルガモ
　左頁上・下とも白変したカルガモ

※写真は３枚とも 2015 年 12 月 22 日　熊本市南区城南町陣内の浜戸川で

子（アルビノ）ではありませんが、それでも見事な白さです。

なんでも熊本市南区城南町陳内の浜戸川で一月から見られているとのことですので、まだきっといるはずです。できたら実物を見て、写真も撮れたらと思い、十二月十九日に訪ねてみました。浜戸川の川面がよく見晴らせる右岸側の堤防上を鰐瀬の橋から下流方向に探し歩いていますとすぐに見つかりました。カルガモのほかにマガモやコガモ、それにカイツブリやカワセミ、ミサゴなどもいて、けっこう野鳥が多い場所です。それで目当てのカルガモはというと、体全体が極く淡い褐色みを帯びていて、飛んだときには翼鏡も淡いがはっきりしていました。全体的には以前に白川で見た先述のカルガモとほぼ同程度の白さでした。いずれにせよめったに見られない珍鳥であることには変わりありません。

白いオカヨシガモ

熊本市北区清水打越町の坪井川遊水池は野鳥の楽園にもなっており、隣接する坪井川緑地運動公園と共に一帯はバードウォッチングやスポーツが楽しめる格好のレクレーションの場になっています。平成二十三年（二〇一一）一月十九日は天気も良かったので、近くの農産物市場に行っての帰りにちょっとたち寄ってみました。

遊水池には水がかなり溜まっていて、水面にはコガモやヒドリガモ、カルガモ、オカヨシガモなどがのんびりと浮いており、その中に全体が白いのが一羽交じっていました。アヒルかと思って確認のため双眼鏡で見ると、全体に褐色を帯びており、体の大きさもアヒルよりかなり小さい。常にオカヨシガモの群れの中にいて一緒に行動しており、翼を開くと翼鏡が白いことからオカヨシガモが淡化したものであることに間違いありません。嘴は全体が橙色であることからは雌のようですが、雄の嘴もエクスプリ羽では橙色を帯びますので嘴の色だけでは雌雄の区別はできかねます。雌雄どちらにせよ珍しいことには変わりありません。なんでも同じとみられる白っぽい鳥は、二年前から連続して冬季に見られているとのことでしたので今冬は三度めの渡来となりそうです。このように淡化したものは天敵などにも目立ちやすいので一般に短命といわれていますので三年連続して見られているのは珍しいことではないでしょうか。

白変したオカヨシガモ（右後方）と普通のオカヨシガモ（雄）

※写真は上・下とも　2011年1月19日　熊本市北区清水打越町で

白変したオカヨシガモ（右前方）と普通のオカヨシガモ（雄）

Ⅱ　白い瑞鳥たち

タンチョウ
北海道の鶴居村で

ハクチョウ類

雪が降る季節になると日本に渡来する白くて大きいハクチョウ類は、まさに〝雪の精〟といった感じで、雪景がよく似合っています。世界に七種類いるハクチョウ類のうち、日本に毎冬渡来しているのはオオハクチョウとコハクチョウの二種類で、そのほかに動物園や公園の池などで飼われているコブハクチョウの野生種が飛来したこともあります。オオハクチョウやコハクチョウはまず北海道に渡来し、雪と共に本州へ南下します。

渡り鳥は一般に振り子のように、より北方で繁殖したものはより南方まで渡る傾向があります。ハクチョウ類もその例外にもれず、ユーラシア大陸の北緯四五度から六五度にかけての地域で繁殖しているオオハクチョウの日本での定期渡来地の南限は茨城県（北緯三六度）あたりで、オオハクチョウより北方のユーラシア大陸や北アメリカ大陸の北極圏のツンドラ地帯で

オオハクチョウ

オオハクチョウ　白く小さいのはツクシガモ　2017 年 1 月 4 日　熊本市南区海路口町の有明海で

コハクチョウ　2004 年 12 月 7 日　熊本県玉名市の横島干拓地で

コブハクチョウ　2001 年 3 月 18 日　鹿児島県出水市高尾野町の高尾野川で

繁殖しているコハクチョウの日本での定期渡来地の南限は島根県の中海や宍道湖（北緯三五・五度）となっています。ハクチョウ類は、それ以南の日本では迷鳥的な存在となっていて、積雪などめったにみない九州に住んでいる私などは白く大きいハクチョウ類が群れている雪景色などにはつい憧れます。

〈最初は白さより鳴き声に注目〉

鳥の捉え方には、洋の東西で違いが認められます。西洋人は一般に鳥の姿形や色彩に注目して視覚的に捉える傾向が強いのに対して、東洋人は鳥の鳴き声に注目して聴覚的に捉える傾向が強いということです。要するに西洋人はバードウォッチングを楽しむのに対して、東洋人はバードリスニングを楽しんでいるということです。

したがって、鳥の名なども東洋では鳴き声によって付けられたものが多く、ハクチョウ類の名もその例外ではありません。「はくてう（白鳥）」と呼ばれるようになったのは江戸時代になってからでして、古い奈良時代には「くぐひ（鵠）」と呼ばれていました。平安時代になると漢名（中国名）の「鵠（こく）」や、それが音便した「こう」などと呼ばれていました。「くぐひ（鵠）」の語源は『東雅』では「クグは鳴き声、ヒは鳥」としています。また、『大言海』でも「鳴く声を名とす、約めてコヒといい、転じてコフと云うも声なり。鵠も鳴く声なり」としています。

　ハクチョウ類は、その後、明治時代になるとオオハクチョウとハクチョウ（一九七四年からコハクチョウ）に区別して呼ばれるようになりました。体の大きさで区別した名になっていますが、全長はオオハクチョウが一四〇センチメートル、コハクチョウが一二〇センチメートルで大差はありません。それで一緒に並んでいれば別ですが、両者の区別は通常、嘴基部の黄色部分の大きさと形でしています。つまり、黄色部分が嘴の半分以上で先が尖っていればオオハクチョウで、半分未満で先が丸みを帯びていればコハクチョウといった具合です。

　ところで、古く奈良時代から「しらとり（白鳥）」との別の呼び名もありましたが、これは白い鳥を総称した呼び名でして、ハクチョウ類やシラサギ類のほか、コウノトリやツル類なども含んでいたようで、ハクチョウ類を特定したものではありませんでした。

首環で知ったコハクチョウの生誕地

ハクチョウ類の定期渡来地・島根県の中海を初めて訪ねたのは、昭和五十三年（一九七八）一月二十七日でした。「白鳥渡来地」の看板がある八束郡東出雲町意東の湖岸に着いた昼には、朝に降っていた霙《みぞれ》もやんで青空が広がる好天気になっていました。舗装道路が広くなったすぐ下の湖岸にはおよそ二百羽のハクチョウたちが群れており、湖のかなたには雪を頂いた白い山々が連なっていて夢に見ていたのと同じ光景が現実となって広がっていました。

ハクチョウ類は、なんでもかつては西側の宍道湖に渡来していたそうですが、昭和三十四年（一九五九）頃から中海にも渡来するようになり、昭和三十八年（一九六三）頃には宍道湖から中海にすっかり移ってしまったそうで、現在地に集まるようになったのは昭和四十一年（一九六六）からだそうで、茶殻《がら》や粃《しいな》（屑米）などを給餌していて、今冬は約六百羽が渡来しているとのことでした。

日本に毎冬渡来しているハクチョウ類にはオオハクチョウとコハクチョウの二種類がいて、島根県の県鳥はオオハクチョウとなっています。しかし、今、目の前にいる約二百羽は殆んどコハクチョウのようで、オオハクチョウはどこかまた別の場所にいるのでしょうか。オオハクチョウはいないか一羽ずつ確認していますと、首環が付いたのがいるのに気づきました。コハクチョウで、首環は古びた十円硬貨のような色で、上（頭）から「００９Ｃ」の記号が読みとれます。誰が、何時、何処で、何のために付けたのでしょうか。

それで日本での標識センターがある山階鳥類研究所（東京）に観察記録と写真を送付して問い合わせたところ、イギリスに本部がある国際水禽調査機構（ＩＷＲＢ）のハクチョウ類研究班（ＳＲＧ）が、昭和五十一年（一九七六）八月二十九日から三十一日にかけてチュコト民族管区の北極海に面したチャウン湾付近（東経一七〇度二〇分、北緯六八度五〇分）で、二つの巣にいた合計一〇羽のコハクチョウの雛に装着したものの一羽である、との返答がありました。なんと五〇〇〇キロメートルくらい北方からやって来ていたのです。なお、首環の色は装着当時は赤色だったそうですので、約一年半でだいぶ変色してしまったようです。このコハクチョウは、昭和五十二年（一九七七）一月八日に新潟県の鳥屋野潟、同年一月三十日に同県の瓢湖、三月二十九日に北海道のウトナイ湖、三月三十日〜四月十二日に同、クッチャロ湖でも確認されているとのことでした。これらの地点と月日を地図上に記入してみると、時を経るにつれて日本列島を北上して行ったことがよく分かります。今季の中海ではこの「００９Ｃ」のほかにも、昭和五十二年（一九七七）八月十八日に同じ場所で首環が装着された「０３８Ｃ」の個体が落鳥しているのが確認されているとのことでした。

島根県へのハクチョウ類の渡来は、古くから朝鮮半島を経由していると思われていましたが、これらの事実から、少なくとも渡去のときは日本列島を北上することが分かります。その後の発信機を装着して人工衛星で追跡する調査でも日本からの渡去のときは、コハクチョウ、オオハクチョウ共に日本列島を北上した後、サハリンを経由してアムール川河口からオホーツク、マダカン、コリマ川……と北上して行くことが分かっています。

コハクチョウ　1992年1月13日　鳥取県米子市の中海で

〈右頁上〉コハクチョウの群れ
〈右頁下〉首環が付いたコハクチョウ

※右頁写真は上・下とも1978年1月27日　島根県八束郡東出雲町意東の中海で

暖冬で遅れたオオハクチョウの南下

北海道の東南部にある厚岸湖は、釧路支庁厚岸郡厚岸町の太平洋に面した厚岸湾奥に隣接していて水鳥の名所として知られています。平成十四年（二〇〇二）二月十日に訪ねますと、湖面を背後の雪よりも白く厚く縁取っているように見えたのは、なんとおびただしい数のオオハクチョウの群れでした。

アイヌの人たちは、オオハクチョウを神の鳥と呼んで大切にしていたとかで、他方では貴重な食料にされていて、白鳥網《レタチリヤ》という目の粗い網を川幅いっぱいに水面下まで張って、頸を突っ込んで動けなくなったところを捕らえていたとか。

湖面にはオオハクチョウのほかにも、ホオジロガモやオナガガモ、ウミアイサやカワアイサといったカモの仲間やオオセグロカモメやワシカモメ、ユリカモメといったカモメの仲間、ハマシギなどの水鳥だけでなく、ハシボソガラスやハシブトガラス、それにトビやオオワシなどの猛禽類など合計一三種類もの野鳥が見られました。

なんでも、現地ガイドの話によると、この時季は例年ですと湖面全体が凍ってしまって

オオハクチョウの群れ　※写真は上・下とも 2002 年 2 月 10 日　釧路支庁厚岸郡厚岸町の厚岸湖で

いるので水鳥たちは餌が採れないので本州の方へ南下してしまっているのですが、今冬は暖かくて湖面がまだ残っているので水鳥たちもまだ多く残っていて運が良かったとのことでした。

〈倭建命《やまとたけるのみこと》白鳥化成飛翔譚〉

『日本書紀』によると、景行天皇の第二皇子である倭建命（日本武尊）は天皇の命令で西国平定に引き続き休む間もなく東国平定に赴きましたが、その帰途で疲れ果てて故郷を目前にした伊勢の能煩野《のぼの》（現在の鈴鹿市）で三十歳で亡くなられました。その亡骸は陵に葬られましたが、魂は白鳥《しらとり》と化して飛び去り、大和国琴弾原《ことひきのはら》、次に河内国旧市邑《ふるいちのさと》にとどまったそうです。それでその後、それぞれの地に白鳥陵《しらとり・の・みささぎ》が築かれたとのことです。そして、倭建命の第二皇子である仲哀《ちゅうあい》天皇は、即位されると父の鎮魂のために陵の堀に白鳥を飼うために諸国に命じて献上させられました。このようにして倭建命の足跡と関連して全国各地に白鳥神社が創建されたとのことです。

また、倭建命の祖父の垂仁《すいにん》天皇にも白鳥伝説があります。誉津別《ほむつわけ》皇子は三十歳になっても口が利けなかったそうですが、空高く飛ぶ白鳥の群れを見ると口が利けたそうです。それで天皇は臣下の天湯河板挙《あまのゆかわだな》（古事記では山辺の大鶙《おほたか》）に白鳥を捕らえてくるように命じられました。それで出雲国まで追跡してやっと捕らえて持ち帰りました。すると鳥取部《ととりのみやつこ》の姓を賜ったとか。

これらはいずれも畿内とその周辺部が舞台で、これらの白鳥はいずれも西方に飛んでいることから、現在の分布から推察すると渡来期のコハクチョウとみるのが穏当でしょう。

シラサギ類

鷺下りて　稲田の緑　鮮やかに

このような光景は、おそらく稲作が本格的になった弥生時代からお馴染みの夏の風物詩になっていたことでしょう。古くに「豊葦原の中つ国」と呼ばれていた四面を海に囲まれた島国、日本に同じイネ科植物の水稲作が導入されて「豊葦原の瑞穂国」に改造されてきたのは自然の理にかなっています。白鳥《しらとり》が天上の万物発祥の地である常世から稲穂をもたらせて稲作が始まったと説く「稲作起源説」の白鳥は、農耕祭具とみられる銅鐸の表面に描かれている頸と足が長い細身の鳥などからもシラサギ類とみるのが穏当のようです。

ところでシラサギとは、白いサギ類を総称した呼び名でして、ハクチョウ類と同様に優美な鳥なのになんとも安易に体の大きさによって、ダイザギ（大鷺）、チュウサギ（中鷺）、コサギ（小鷺）と無粋に名付けられています。三種がそろっていれば体の大きさで区別できますが、単独ですと、嘴や足、眼先の皮膚の色などが区別するのには有効です。嘴は、コサギでは年中黒く、ダイサギやチュウサギは冬羽では黄色くなり、チュウサギでは先端部に黒色が少し残っています。足の色はどれも黒っぽいが、コサギの趾《あしゆび》は鮮やかな黄色で目立っていますので、これだけでもコサギは分かります。眼先の皮膚の色は、ダイサギでは青緑色、チュウサギでは黄色、コサギでは緑黄色といった具合です。

なお、アマサギも冬羽では全身が殆んど白くなりますのでシラサギです。嘴や眼先の色は黄色で冬羽のチュウサギと似ていますが、体の大きさはコサギよりも小さくて額の部分が少し黄色がかっていることで区別できます。

　シラサギ類は、ハクチョウ類とは対照的に、どちらかというと南方系の鳥で、コサギだけが留鳥で、ほかは夏鳥です。どの種も竹やぶなどに入り交じって集団で営巣し、育雛しています。ハクチョウ類が植物食なのに対してシラサギ類はどれも動物食で、ダイサギやコサギは魚やカエル、エビ・カニなどを、チュウサギとアマサギはバッ

ダイサギ
（ドバイの郵便切手）

コサギ
（ブルガリアの郵便切手）

アマサギ

アマサギ
（カリブ海のモンセラット島の郵便切手）

稲田に群れるシラサギ類　2005 年 8 月 16 日　熊本県玉名市の横島干拓地で

ダイサギとコサギ　2011 年 3 月 26 日　熊本市東区健軍 5 丁目の下江津湖で

ダイサギ（左上）、チュウサギ（中上）、コサギ（右と下２羽）
2011 年 11 月 7 日　熊本市西区沖新町で

タやイナゴなどの昆虫類を主に捕食していて、稲田はシラサギ類にとっては格好の採餌場になっています。

鷺山を探索

▼鷺山の危機

日本の自然は、昭和三十五年（一九六〇）頃を境に大きく変貌しました。昭和三十五年というと、戦後の復興期を脱して高度経済成長期になった頃で、開発の名のもとに植生は破壊されて消失し、それに伴なって野生動物の生息地も消失していきました。また、化学農薬の普及は、特に水に関係が深い生物に壊滅的な打撃を与えました。トンボやホタル、カワセミなどが姿を消し、トキやコウノトリの野生での繁殖が危惧され、人間生活では公害が社会問題になりました。

そのような状況下でトキやコウノトリと同じような生活をしているシラサギ類も例外で

はなく、それまで全国各地にあったシラサギ類の集団繁殖地、いわゆる〝鷺山〟も激減してしまいました。九州野鳥の会の『九州野鳥』によると、九州のシラサギ類の集団繁殖地（鷺山）は、昭和三十八年（一九六三）時点で、福岡県で二か所、大分県で一か所、そして私が住んでいる熊本県では宇土半島住吉付近の一か所の僅か合計四か所しか残存が確認されていません。また、その五年後の昭和四十三年（一九六八）の日本野鳥の会による全国的な調査では、国の特別天然記念物に指定（一九三八）されている埼玉県野田の鷺山は壊滅状態で、全国に残存する鷺山は僅か二〇か所余りで、九州では大分県で一か所が確認されているだけでした。私の野外観察では減少しているのは実感していますが、調査もれもあるように思いました。

▼地名に刻まれた鷺山

当時、私は、熊本県南部の人吉盆地内の一画にある相良南中学校に勤務していましたが、盆地内には一級河川の球磨川がほぼ中央部を横断するように西流していて、川辺川や万江川などの支流も多く合流しており、シラサギ類も年間を通して見られていることから盆地内にもきっと鷺山があるに違いないと考え、鷺山探索を思い立ちました。

先ずはと地図を見ていますと、盆地のほぼ中央部、深田村の〝鷺巣〟という地名が目に留まりました。球磨川の一大支流、川辺川左岸の扇状地で、通称〝高原《たかんばる》〟と呼ばれている丘陵の一画です。その地理上の位置とから鷺山に由来した地名であるに相違ないと確信しました。それでさっそく実際に現地を訪ねてみました。昭和四十四年（一九六九）五月のことです。地元住民に話を伺うと予想は的中していて嬉しくなり、やる気が強まりました。昨年に鷺山があったという場所に案内してもらいましたが、今年は残念ながらサギの姿はありませんでした。その後、何人もの地元住民から話を伺っていると、どうやら鷺山の場所は毎年少しずつ移動しているようです。こうなったら他人頼みではなく自力で探すほかありません。

丘陵上は平坦で、全体を見晴らせるような高い場所はありません。それでサギ類を見かけたらその場所と飛び去った方向などを地図上に記入していきました。すると線が交差し集中する場所が浮かび上がってきました。その場所は、先の鷺巣から南西方向約四キロメートル《キロメートル》の地点で、錦町覚井からですと北方約一キロメートル《キロメートル》の所です。

それで五月二十五日（日）に実際にその場所を訪ねますと、そこは一七、八年生の約四アールほどの桧《ヒノキ》林で、ついに今年の鷺山を探し当てました。農道から五〇メートルばかり入り込んだ場所で、どの巣にも親鳥がいて抱卵中のようでした。私が林内に入ると、グヮーグヮーとかグェーグェー、クワックワッなどと鳴き騒ぎながら羽音も大きく一斉に飛び立ちました。千羽近くが鳴き騒ぎながら空を暗くして群れ飛ぶ光景は優美どころではなく、壮観さを通り越してヒッチコックの恐怖映画「鳥」を想起して不気味さえ覚えました。そして、ふとサギの語源は〝騒ぎ〟に由来するとする説が思い出されました。風通しが悪い林内には生臭い臭気が充満していて、下生えのササの葉は多量の糞で白く覆われており、ときおりクモの巣が顔にかかったりして顔や首筋あたりがむず痒くなりました。こんな場所に長居は無用と、詳しい調査は後日にすることにして、その日は退去することにしました。

▼営巣状況調査

一週間後の六月一日（日）に同僚教師の協力を得て科学クラブの生徒数名を引率してサギ類の種類ごとの営巣数を調べに出向きました。あらかじめサギの種類名を記した画用紙のカードを十分用意し、全部のサギが巣に就いたのを見計らって、一斉に確認したサギの名のカードをそれぞれが担当の営巣木に巣の数だけテープで貼り、後で回収して残ったカードと共に二重に点検して種類ごとに集計するという方法です。

巣は、林内のほぼ全ての木にありますので、あらかじめ各人が担当する営巣木を割り振っておき、下生えの茂みにじっと潜んで親鳥が巣に就き終わるまで待機するのですが、警戒心が強いのがいて巣の近くまでは来てもなかなか巣に就いてくれずに根気競べといった感もありましたが、そのようにして調べた結果は、アマサギの巣が一五〇個と最も多く、コサギの巣が一五個、ダイサギの巣が二個で、ゴイサギの巣も五〇個ほどあって巣の総個数は二一七個でした。まだ巣を造っている途中のものもいて、サギ類の総数は千羽近いと思われました。

このことは、後日、日本野鳥の会の会誌『野鳥』二八一号（一九七〇年二月号）にも掲載され、また、新聞やテレビでも明るいニュースとして報道されました。それで今日的な存在の意義と価値がひろく認識されたと思っています。

高原《たかんばる》の鷺山　※写真は上・下とも1969年6月1日　熊本県球磨郡錦町木上で

コサギ

※写真は上・下とも 1969 年 6 月 1 日　高原の鷺山で

アマサギ

▼その二年後に惨事による消失

翌、昭和四十五年（一九七〇）には、前年の場所から少し離れた錦町木上字池田の明神池畔の約二〇年生の樫と竹との混淆林《こんこうりん》に移り、鷺山の規模は前年とほぼ同程度でした。

更に翌、四十六年（一九七一）には、また少し離れた錦町平川地区の桧林（約一ヘクタール）に場所を移しました。ところがそこは民有林で、持ち主が、サギの糞で桧が枯れるという理由で、説得する間もなく巣を全部叩き落としてしまうという惨事が起きてしまったのです。過去に日本では同様の経緯で消滅した鷺山もあることから残念でなりません。それで思い出されるのが、佐渡でトキを守るために田畑を無償で提供した一農夫が言った「今、トキを守れるかどうかは、将来、自分たちが住める自然環境を残せるかどうかにかかっている」という内容で、見習いたいものです。

高原《たかんばる》の鷺山

※写真は上・下とも 1993 年 5 月 30 日　熊本県球磨郡錦町木上で

コサギの抱卵と育雛

ダイサギの親子　1993年7月3日　熊本県球磨郡錦町木上で

牛を勢子代わりに採餌しているアマサギ（冬羽） 1970 年 10 月 3 日　熊本県球磨郡錦町木上で

クロトキとクロツラヘラサギ

どちらもトキ科の鳥で、その和名からは白い鳥とのイメージは浮かばないでしょうが、黒いのは顔や頭頸部と嘴で、体は殆んど白いのです。どちらもチュウサギくらいの大きさですが、体はがっしりした感じで、飛んだときには頸を伸ばしていますので、頸を縮めているシラサギ類とは遠くからでも区別できます。また、幼鳥ではどちらも翼の先端部が黒いので、それでも区別できます。

クロトキは、現在では殆んど見られませんが、江戸時代には関東地方では繁殖もしていてかなり普通に見られていたようで、クロトキのほか、「だう」とか「なべかぶり」「かまさぎ」などとも呼ばれていました。『飼籠鳥』(一八〇六年)には「江戸上野の辺には四、五月に来て樅樹の梢に群集して巣をつくり雛を出す

アフリカクロトキ
(アラブ首長国連邦アジマンの郵便切手)
古代エジプトでは聖鳥と崇められていた

クロトキ（左）とナベツル　1977 年 10 月 20 日　鹿児島県出水市荒崎で

クロトキ（右）とアマサギ　1983 年 8 月 28 日　熊本市南区砂原町で

……」とあり、武蔵国足立郡寺山（現・埼玉県浦和市野田上野田）のサギ類の集団繁殖地（鷺山）を描いた絵巻物（一八五五年）にはシラサギ類に交じって営巣するクロトキが見られます。しかし、明治時代になるとなぜか激減して迷鳥的な存在になってしまったようです。各地で見られてはいるものの通常は単独で幼鳥のことが多く、見られる時季はまちまちです。そのような中で、昭和三十八年（一九六三）十月九日にツル類の定期渡来地として有名な鹿児島県出水市の東干拓地で一六羽、同年十一月二十三日には一八羽が見られたのは注目されます。

クロツラヘラサギは、朝鮮半島西南部沖の無人島やロシア沿海州など、極東の一部だけで繁殖していて、日本には冬鳥として、主に九州に渡来していま

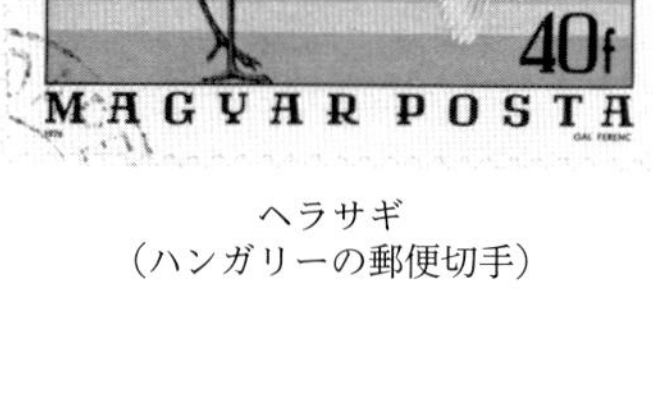

ヘラサギ
（ハンガリーの郵便切手）

クロツラヘラサギ
（北朝鮮の郵便切手）

す。ツル類の定期渡来地として有名な鹿児島県出水市荒崎は、昭和四十年（一九六五）代まではヘラサギ類の国内で唯一の定期渡来地としても知られていて、昭和三十九年（一九六四）には四五羽も記録しています。その大多数はヘラサギでしたが、クロツラヘラサギも少数交じっていました。しかし、その後の渡来数は年々減少し、昭和四十二年（一九六七）には越冬中に一〇羽くらいが落鳥するという事故もあって激減しました。また、昭和四十八年（一九七三）には三羽渡来したうちの一羽が落鳥しました。

ところが、それまで少なかったクロツラヘラサギは、昭和四十五年（一九七〇）頃から荒崎以外の八代海（不知火海）沿岸部でも見られるようになり、一九九〇年代半ば頃から特に目立ちだして、ヘラサギとは勢力が完全に逆転し、有明海沿岸部でも見られるようになりました。そして二〇〇〇年代になると幼鳥の越夏もみられ二〇一四年の五〜六羽から二〇一八年には二〇羽以上と増加しています。なんでも韓国での繁殖個体数は調査当初の二〇〇三年には約一〇〇番いだったのが、二〇一三年には約六四〇番いに増加しているとのことです。日本での越冬数は、二〇〇七年が約一九〇羽、二〇一四年が三五〇羽、二〇一五年が三七一羽、二〇一六年が三八三羽、二〇一七年が四三三羽、二〇一八年が五〇八

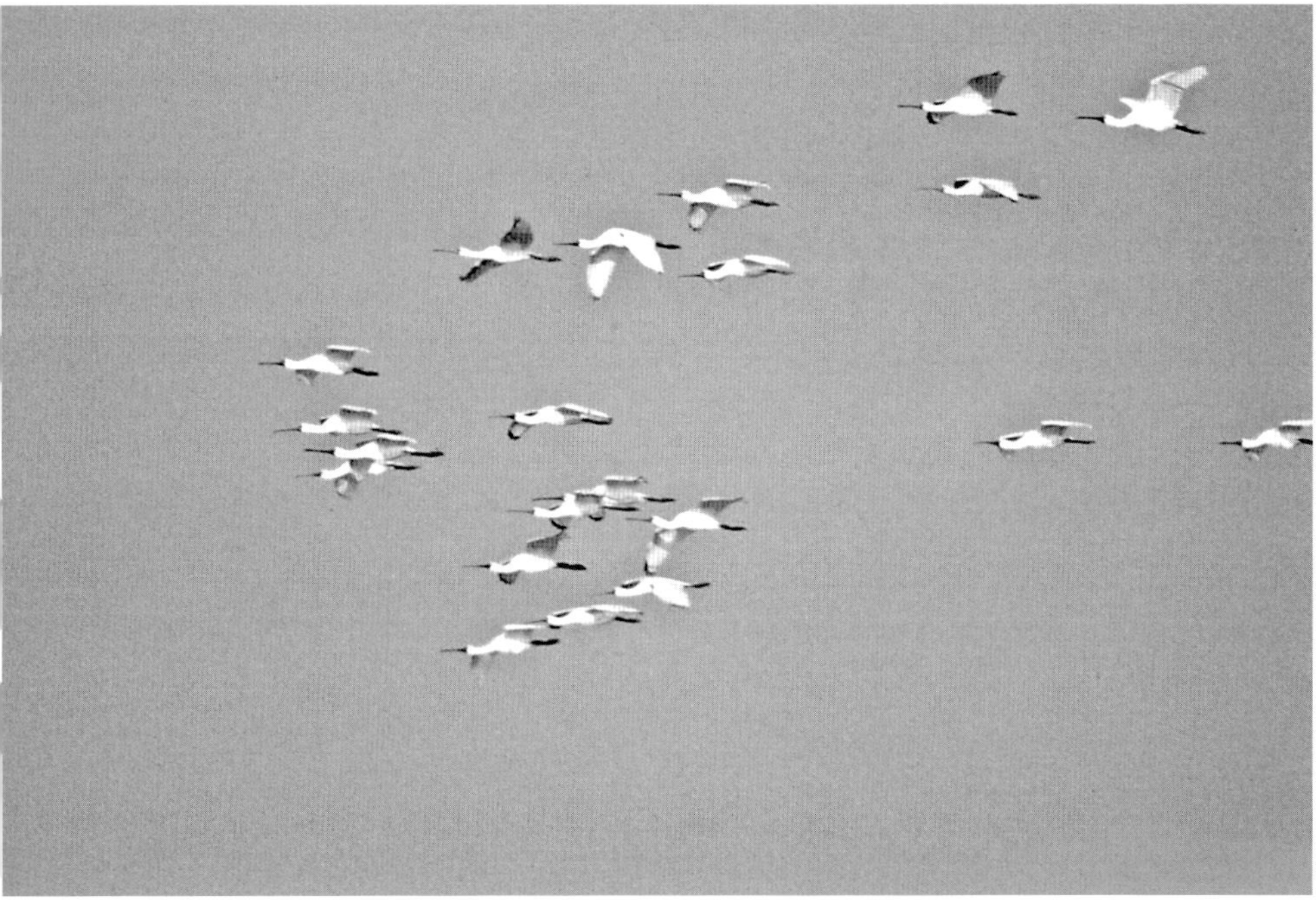

クロツラヘラサギ　2003年12月3日　熊本県八代市鏡町で

クロツラヘラサギ（左右の２羽）とヘラサギ（中央の２羽）　2017年１月４日　熊本市西区沖新町で

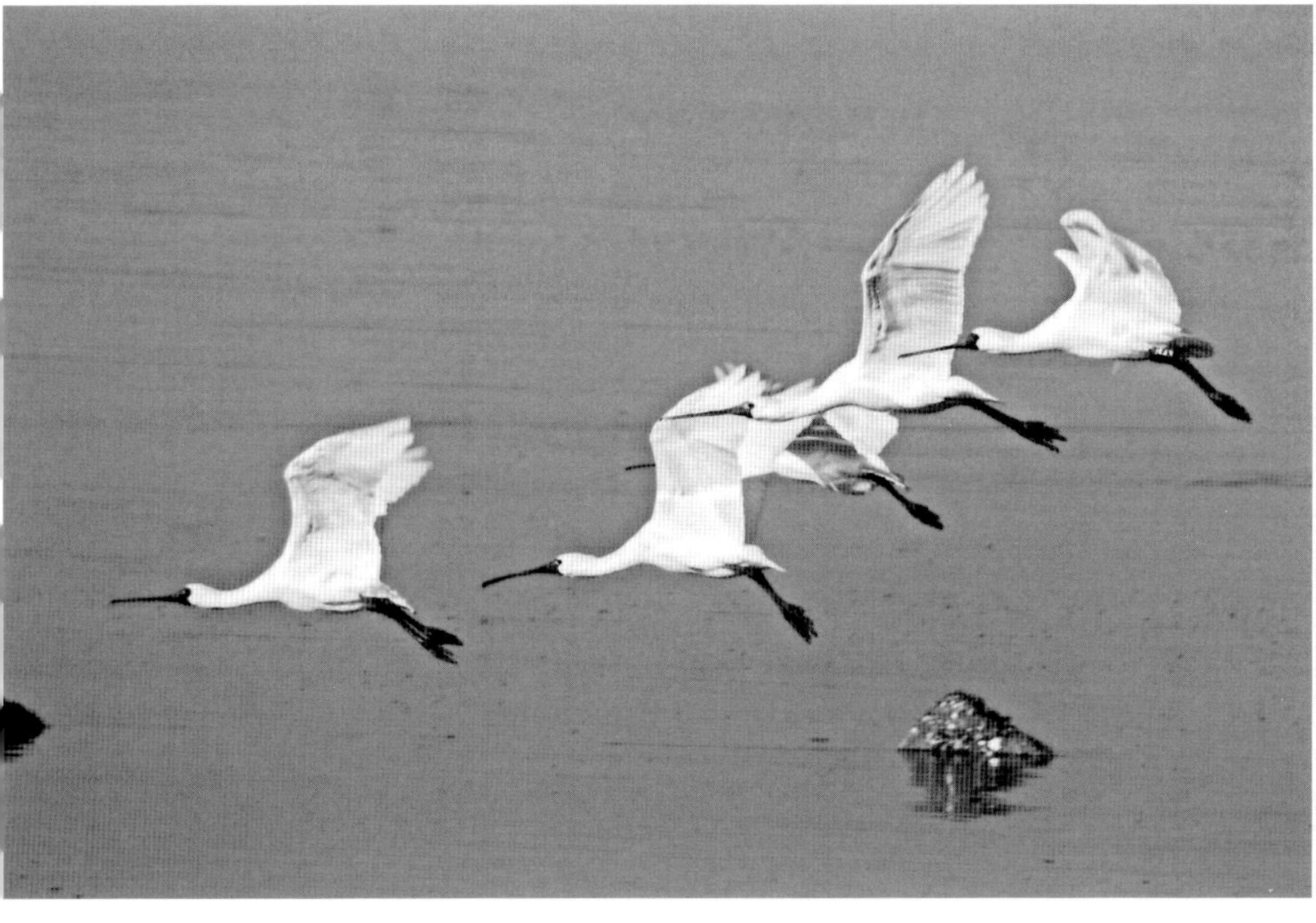

クロツラヘラサギ　2015 年 1 月 28 日
※写真は上・下とも熊本市西区沖新町で
クロツラヘラサギとコサギ（右から 2 羽め）2016 年 11 月 30 日

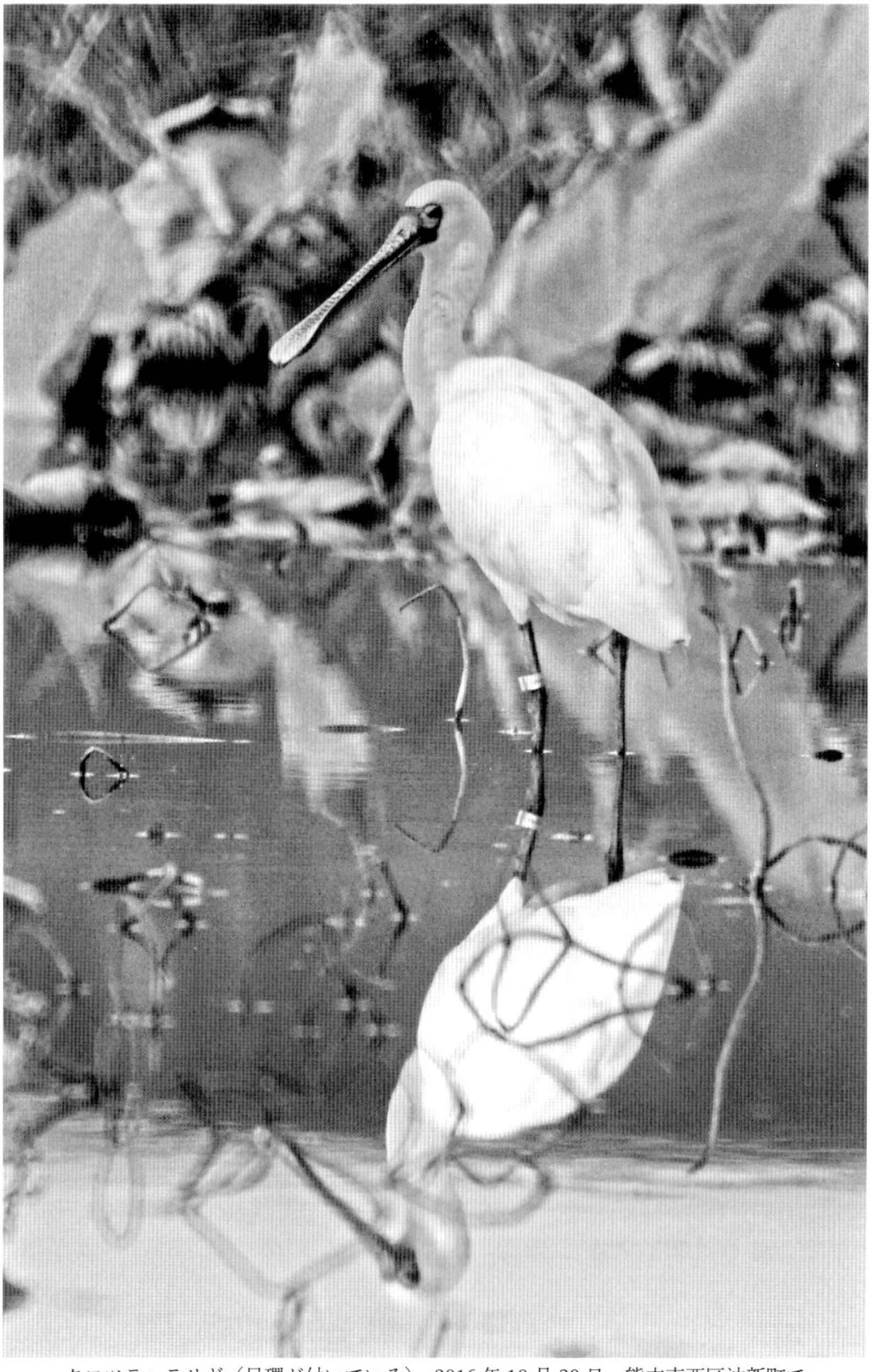

クロツラヘラサギ（足環が付いている） 2016 年 10 月 30 日　熊本市西区沖新町で

クロツラヘラサギとハシボソガラス（上） 2016 年 12 月 21 日　熊本市西区沖新町で

羽、二〇一九年が五三八羽確認されており、年々増加傾向にあり渡来日も年々早まっています。東アジアでの越冬総数は二〇一九年現在でおよそ四五〇〇羽とみられ、その七〇パーセント近くが台湾で越冬していることが知られています。

タンチョウ

日本の象徴

ツル類（ツル目ツル科）の現生種は世界に一五種いて、日本ではそのほぼ半数の七種が野生状態で確認されています。その七種のうちで日本に留鳥として生息し、繁殖しているのはタンチョウの一種だけで、そのほかの六種は冬鳥ないしは迷鳥として記録されているものです。

タンチョウ図柄の日本の郵便切手と貨幣

日本で単に「ツル」といえば、殆んどの人が千円札の裏や切手などにデザインされている白く端麗なタンチョウを連想します。ちなみに学名の種小名も*japonensis*（日本産の意）で日本産ツル類の代表種と見做されています。北海道の、主に釧路湿原に留鳥として生息し、繁殖していて、アイヌ語では「サロルンカムイ（湿原の神の意）」と呼ばれています。

〝日本産〟といっても日本だけの固有種ではなく、ユーラシア大陸東部のウスリー川流域やアムール川中流域などでも繁殖しています。これらの大陸産は渡り性で、冬季には朝鮮半島や中国の長江下流域などに渡って越冬しており、その一部が時折、日本にも飛来しています。ツル類の越冬地として有名な鹿児島県の出水平野では日本産ツル類の全七種が記録されていて、タンチョウもこれまで八回（一九三六・一九三七・一九三九・一九四〇・一九四三・一九六六・一〇六七・二〇

タンチョウ図柄の郵便切手　〈右・中〉中国
〈左〉韓国

タンチョウの幼鳥（中央）大陸から飛来することもある　2005 年 1 月 28 日　鹿児島県出水市荒崎で

〇四年度）それぞれ一羽が飛来し、記録されています。

タンチョウの「タン（丹）」は赤色のことで、頭頂部の裸出した皮膚が赤いことによっています。ちなみに中国名も「丹頂鶴」で、英名も「Red-crowned Crane」となっています。純白の大きい体に赤い頭頂で日本の国旗を想起させるような紅白のめでたい装いになっています。そんな鳥が純白無垢の雪原で優雅に舞っている光景は、清浄を何よりも尊んできた日本人にとってはこの上なく有難くて神々しくさえ見えます。

雪原に舞う

そんな光景を実際に見てみたくなり、平成十四年（二〇〇二）二月十日に北海道阿寒郡鶴居村の鶴居・伊藤タンチョウサンクチュアリを訪ねました。木柵で仕切られた給餌場内のなだらかな雪原には、あまり人怖じしない十数羽のタンチョウが家族群ごとに思い思いにたたずんでいて、時折、家族群とみられる三、四羽が飛来したり、飛び去って行ったりして、ゆったりした時が流れていました。

タンチョウ　※写真は上・下とも 2002 年 2 月 10 日　北海道阿寒郡鶴居村で

タンチョウ　2002年2月10日

※写真は上・下とも北海道阿寒郡鶴居村で

雪裡川でのタンチョウの集団就塒
2002年2月11日

翌朝は早くから近くの雪裡《せつり》川の浅瀬にあるタンチョウの集団就塒場を見に行きました。零下二六度の冷気の中、集団就塒場が見渡せる音羽橋の上は、既にカメラを構えた先客で満員状態でした。雪裡川は湧水が豊富なために凍結しないのだそうで、川面からたち上る水蒸気は冷気にたちどころに冷やされて濃い川霧となって視界を遮り、タンチョウの寝姿はなかなか見られません。しかし、そのうち太陽が昇って霧が晴れてくると、だんだん見えてきて、予想していた以上の数がいることが分かりました。厳しい冷気の中で冷たい川の水に足先を浸けて片足立ちで寝るとは純白清楚で端麗な姿からは想像し難い逞しさを秘めています。というより純白清楚で端麗な美しさは、このような厳しい自然環境で研ぎ澄まされた成果とみるべきかと思いました。

〈鶴との異類婚姻譚〉

私は、鶴居村でのタンチョウの動きを観察していて、何となく人間くさいテンポを感じました。民俗学にも造詣が深い、歌人で国文学者の折口信夫《しのぶ》は「常世には祖霊のほかに白鳥《しらとり》などもいて、白鳥は羽を脱ぐことで人間になり、羽衣を着ることで白鳥、すなわち神になる。つまり、他界身は白鳥であって、現世身は処女である、と古代には信じられていた」と述べています。

民話の「鶴女房」などは、このような観念のもとで生まれたようで、その粗筋は、生活は貧しくても心優しい青年が傷ついた鶴を見つけて助けてやると、鶴は女房となって献身的に尽くし、自分の大切な羽毛を抜いて高価な布を織って恩返しするという報恩を伴う異類婚姻譚です。

この民話を劇化したのが、熊本県玉名市伊倉町出身の劇作家、木下順二の戯曲「夕鶴」で、終戦後間もない昭和二十四年（一九四九）末に劇団「ぶどうの会」を指導して、大阪で初演すると好評を博し、今日では古典となっています。また、その後は能やオペラ化もされ、特にオペラは團伊玖磨作曲で、昭和二十七年（一九五二）に大阪で初演されますと、これまた好評を博し、創作オペラ運動のきっかけになりました。

〈最も白いツルは？〉

ツルといえば、日本人の殆んどがタンチョウを思い浮かべて〝白く大きい鳥〟と認識しているようです。しかし、白くて大きいツルは、ツル類四属一五種の中でツル属（*Grus*）の三種だけで、ほかの一二種は灰色か黒色なのです。その白い三種とはタンチョウ、それにユーラシア大陸東部産のソデグロヅルと北アメリカ産のアメリカシロヅルで、どれも大型のツルでほぼ同じ大きさです。白いといっても全身が真っ白というわけではなく、どの種も翼に黒色部があります。タンチョウでは揚力を得る翼中央部の次列風切と翼基部の三列風切が、ソデグロヅルとアメリカシロヅルでは翼先端部の推進力を得るプロペラ役の初列風切と、初列雨覆がそれぞれ黒いのです。ただ、どの種も三列風切が長くて初列風切や次列風切、初列雨覆、それに短い尾羽までも覆い尽くしていますので、ソデグロヅルやアメリカシロヅルでは翼を閉じた静止状態では黒色部は全く見えずに体全体が白く見えます。それに対してタンチョウでは尾羽が黒く盛り上がっているように見えています。また、タンチョウでは喉と頸が黒く、アメリカシロヅルでは眼先から頬にかけて黒いので、最も白いのはソデグロヅルということになります。

　ソデグロヅルは、シベリア中部の限られた地域で繁殖している数少ない世界的な珍鳥とされており、主に中国

ソデグロヅル
図柄の郵便切手
〈中左〉ベトナム
他は中国

の長江中流域のポーヤン湖やインドなどで越冬していて、日本には稀に迷って飛来しています。江戸時代の初めから「しろつる」の名で知られており、江戸時代の半ば頃からソデグロヅル（袖黒鶴）と呼ばれるようになりました。また、幼鳥は頭部から頸、背面にかけてと三列風切が黄褐色であることから「かきづる」とも呼ばれていました。ちなみに中国名は「白鶴」で、学名の種小名 *leucogeranus* はギリシャ語で「白鶴」の意です。

シーボルトが日本滞在中の嘉永三年（一八五〇）頃に採集されたとされる三羽の標本がオランダのライデン博物館にあるそうで、『ファウナ・ヤポニカ』（日本動物誌《鳥類部》）には、そのうちの一羽を描いたとみられる幼鳥の図があります。生きた野生状態としては昭和三十四年（一九五九）に幼鳥一羽が、ツル類の定期渡来地として有名な鹿児島県出水市荒崎の刈田で発見され、翌三十五年（一九六〇）にも同一個体とみられる一羽が飛来しました。その後、北海道や本州（秋田・岩手・宮城・千葉・石川・島根・山口）、九州（長崎・鹿児島）、対馬・沖縄島・宮古島・西表島などにも飛来し、記録されています。

ソデグロヅル（右）とマナヅル（中央）と
ナベヅル（左）

ソデグロヅル
初列風切と初列雨覆が黒いのが和名の由来

※写真は上・下とも 1995 年 1 月 7 日
鹿児島県出水市荒崎で

天草でのツルの北帰行

渡り鳥の渡りの経路は、現在は鳥の体に超小型の電波送信機を装着して人工衛星で追跡する方法で調べられていますが、そういう調査法が開発されるまでは野外での観察による情報を集積して推測していました。

鹿児島県出水平野で越冬するツル類たちがどのような経路で渡来し、また渡去するかについては古くから多くの人に関心がもたれていて、超小型の電波送信機を装着しての調査は、平成四年（一九九二）の北帰行（渡去）から始められ、かなり詳しく分かってきました。

しかし、それ以前には、野外での観察による情報によって、北帰行（渡去）の際は、長崎県内では長崎半島、平戸島、対馬を経由して朝鮮半島に一気に渡ることまでは知られていました。北帰行（渡去）のときには大きい群れを成して飛びますので目立って分かり易いのです。しかし、渡来するときは三々五々であまり目立たず分かり難いのですが、たぶん渡去するときとほぼ同じコースをとっているのではないかとみられていました。

ところで、鹿児島県と長崎県の中間に位置している私が住んでいる熊本県内でのツル類たちの渡りはどうかといいますと、天草下島あたりを通過していると考えられますが、天草地域でのツル類の観察事例は意外にも少なくて、渡りについての観察事例は皆無だったのです。人目につきにくいコースや高さを飛んでいるのか、それとも単に無関心によるのでしょうか。

その理由はどうであれ、昭和五十一年（一九七六）、西日本新聞社発行の『九州沖縄の生きものたち（第二集）』に「出水のツルと野鳥」を執筆するに際してツルの渡りについて触れないわけにはいかず大変困りました。

〈「鶴」の地名分布と渡りの関係は？〉

天草の地図（三〇万分の一）を見ながらツルの渡りについて思いめぐらしていると、ふと面白いことに気づきました。それは「鶴」の字が付いた地名が天草には一〇か所あって、そのうちの九か所が下島に集中しているのです。しかも下島のほぼ中央部を南北に縦断するように南から北に鶴崎、上鶴、中鶴、下鶴、鶴……といった具合に並んでいるのです。そして、その南方延長線上には鹿児島県のツルの定期渡来地の出水平野があるではありませんか。

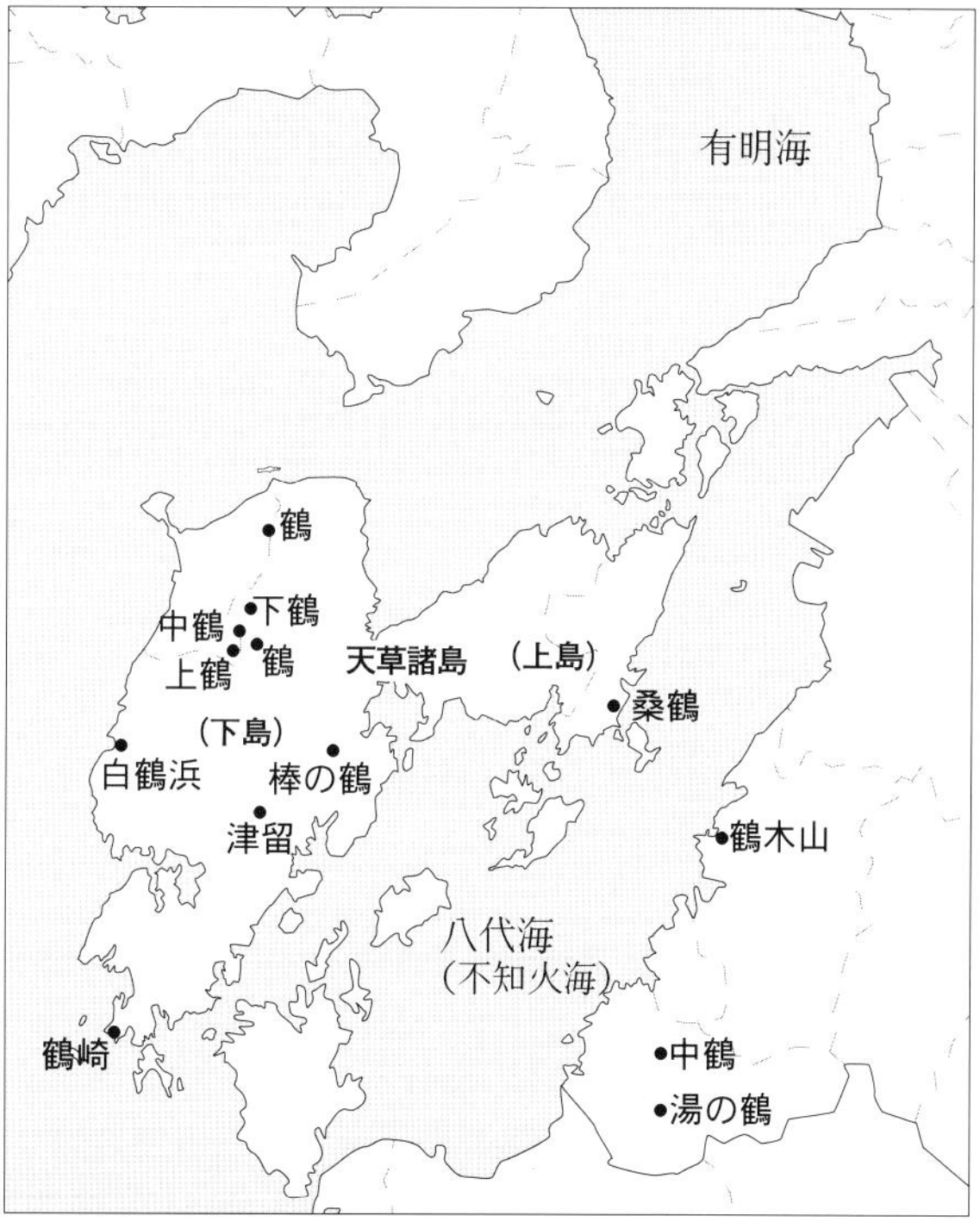

「鶴」地名の天草での分布

『古代地名語源辞典』（東京堂）には「ツル（鶴・津留）は、川に沿って細長く連なった平地」とあり、柳田國男の『地名の研究』では「ツル（鶴・津留・都留・出流など）の地名は、盆地の上下をくるところの急湍《きゅうたん》の地であろう」としています。

ツルには縁起が良い好字として「鶴」の字が当てられる傾向もあるようで、「鶴」

の付く地名がそのまま鳥のツルと直結するとは思いませんし、また、分布も偶然かもしれませんが、それでもなんとなく気になります。将来、これら「鶴」の地名の地で実際にツルの渡りが見られるかもしれません。

天草下島でツルの北帰行を確認

天草でツルの渡りが実際に確認できたのは昭和五十四年（一九七九）二月十一日（日）で、「出水のツルと野鳥」執筆三年後のことです。その日、私は、火力発電所建設に伴う事前の鳥類調査で天草下島の北西部にある苓北町を訪ねていました。午前中の調査は終わって正午近くになりましたので昼食にしようと、苓北町富岡の陸繋島、通称「唐見島」の白岩崎キャンプ場の駐車場で、眼下に広がる藍よりも青い天草灘の海面を目にしながら準備をしていますと、クルルッ、クルルッとツルが鳴き交わす声が潮騒に混じって聞こえてきました。午前十一時五十分頃のことです。それで私は、ふと、先月、熊本市内の鶴屋百貨店での「出水の鶴の写真展」で見た赤尾譲氏の蕨《わらび》島で撮影の海面を背景に群れ飛ぶマナヅルの写真を思い出して眼下の海に目をやりました。しかし、ツルの姿はありませんでした。あんなにはっきり何声も聞いたのですから空耳ではなくキツネにつままれたような心境です。

するとまた先と同じようなツルの鳴き声がしました。今度は上方からで、声のする方を仰ぎ見ると、真っ青な空に一列になってゆっくり飛んで行くツル群がありました――十二時二十一分のことです。群れは三〇羽くらいで、対岸の下島から細長く突き出た砂嘴上の富岡の街並みに沿うように二〇〇メートルくらいの高さで北西方に向かっていました。双眼鏡で確認するとマナヅルで、唐見島の北西端の上空に至ると、時計回り（右方向）に大きく旋回して一回転すると、その後、再び北西方向に一直線に飛び去って行きました。おそらく長崎半島方面に向かったのでしょう。以前に聞いたツルの鳴き交わす声はやはり空耳ではなかったようです。鳴き交わしながら飛んでいるのは、長旅

ナベヅル

マナヅル

マナヅルの北帰行　※写真は上・下とも1979年2月11日　熊本県天草郡苓北町富岡で

でお互いを確認し、励まし元気づけ合ってでもいるのでしょうか。
その後、十二時三十九分にもおよそ一〇〇羽のマナヅルの群れが、前回とほぼ同じコースを飛んで行きました。ただ高さは七〇〇～八〇〇㍍とずっと高く、途中で旋回することもなく一気に飛び去って行きました。

その夜、鹿児島県出水市高尾野町荒崎のツル保護監視員の又野末春さんに電話で問い合わせたところ、その日は、午前十時半から十一時半にかけての一時間に三群、合計五六七羽のマナヅルが渡り、第一群が最も多かったとのことでした。私が最初に鳴き声を聞いたのが、どうやら最も大きい第一群だったようです。

鹿児島県出水市高尾野町荒崎と熊本県天草郡苓北町富岡間は直線距離で約四八㌖ですので、休みなく最短距離を飛んだとして、飛翔速度は時速三六～四八㌖ということになります。富岡から朝鮮半島の南端までは約三〇〇㌖ありますので、休みなく飛んだとして六時間から八時間はかかりそうで、今日の明るいうちにはなんとか着けたことでしょう。

マナヅルの北帰行　※写真は上・下・左上の３枚とも 2000 年２月 12 日　鹿児島県出水郡長島町の行人岳から望む

天草牛深のハイヤ大橋の上空を北帰行するマナヅル

ナベヅルの北帰行　背景は小島　1998年3月29日　行人岳から望む

出水平野で越冬したツル類の北帰行経路の推定図

出水平野から天草下島へ

出水平野から飛び立ったツル群は、天草下島へはどのように飛ぶのでしょうか。平成十二年（二〇〇〇）二月十二日（日）は、天気予報では当該地域は快晴のようで、ツルが渡る時季でもありますので、ドライブがてらに妻と出水平野と天草下島が見渡せる、両地の中間に位置する鹿児島県出水郡長島の行人岳（三九四㍍）山頂を訪ねました。天気予報は的中し快晴で見通しもききます。

十時二十分でした。期待どおりにマナヅルの第一群一五、六羽が眼下の八代海（不知火海）上に現れ、縦一列になって天草下島南端の牛深方面へ飛んで行きました。その後、十一時五分にもマナヅル二三羽の群れが、先の群れよりも西寄りに飛び、牛深ハイヤ大橋を渡るように飛び、十分後には視界から消え去っていきました。これらのことから出水平野を飛び立ったツル群は長島の北東海上を飛んで天草下島に至ることが確認できました。

コウノトリ盛衰記

白くて大きく、頸と足が長くて翼の風切羽が黒い鳥で、江戸時代には「かうづる」とも呼ばれて、タンチョウとよく混同されてきました。掛け軸の縁起物の絵柄「松上の鶴」には殆んどタンチョウが描かれていますが、タンチョウが木に止まることはありませんので、これはコウノトリの見誤りとみられます。コウノトリは、嘴がタンチョウとは比べものにならないくらい長くて太く、頭頂部は白くてタンチョウのように赤くはありません。また、飛ぶと翼は初列風切まで風切羽全体が黒いなど違っています。

弥生時代から身近な鳥に

大阪府の東大阪市と八尾市にまたがる弥生時代前期の池島・福万寺遺跡（今から約二四〇〇年前）の水田跡から人の足跡に交じってコウノトリの足跡が多数見つかっています。

それで、水稲作が本格的になった弥生時代から日本人には身近な馴染みの鳥となっていたようです。

奈良時代には「おほとり」と呼ばれていて、平安時代になると漢名（中国名）の「くわん（鸛）」とも呼ばれました。これは求愛のときに嘴を打ち鳴らす音のカタカタに由来しているようです。鎌倉時代になると鸛を「かう」と音読みして呼び、江戸時代になると「かうのとり」と呼ばれるようになりました。また、ツル類と見做して「かうづる」とも呼ばれていたことは先述のとおりです。江戸時代までは日本の各地にいて縁起の良い瑞鳥と見做されていたようです。江戸の府下などでは各地の神社仏閣の大伽藍の屋根上や樹上に普通に営巣していたようです。

繁殖にちなんだ地名

私が住んでいる熊本県内でも営巣していたようです。幕末の思想家として知られている横井小楠が文化六年（一八〇九）八月十三日に、熊本城下内坪井（現在の熊本中央高敷地内）

で、細川藩士、横井時直（母は員《かず》）の次男として誕生したときに、庭の老松にコウノトリ二羽が舞い下りたので、大変めでたいことだと町中で評判になったとか。一方、熊本市本荘の「柿木鶴《かきのきづる》」の地名は、一本の柿の木に鶴（コウノトリのこと）が営巣して育雛しているのを見た細川藩主が名付けた、などと言い伝えられています。

　また、熊本市以外の県内には、芦北町の八代海（不知火海）に面してある鶴木山（二六五メートル）は、かつて山上観音堂の大木に鶴が毎年営巣したことから、そう呼ばれるようになったと言い伝えられており、その西麓には鶴木山温泉や鶴ケ浜海水浴場があります。また、同じ町内の近くには鶴掛山（四六八メートル）や松ノ鶴などの山名や地名もあります。

　このほかにもコウノトリの繁殖にちなんだとみられる山名や地名としては、鶴山（八か所）や靏山（三か所）、鶴ヶ峰（深田村）、鶴林（山鹿市）、鶴ノ巣（苓北町）、鶴掛（山鹿市・鹿北町）などもあります。

保護の歴史

日本でのコウノトリの最後の生息地となった兵庫県では、天保年間（一八三〇～四四年）に出石《いづし》郡室植村桜尾の松林でコウノトリの営巣が確認されると、出石藩主の仙石利久は、瑞祥の兆として喜び、一帯を「鶴山」と名付けて禁猟区にするなどして保護に努めました。

明治六年（一八七三）に、イギリスの鳥類学者スインホーは、横浜で採集した二羽をもとに新種 *Ciconia boyciana* として学会に発表しました。それはツル類（ツル目）ではなくて、サギ類（ペリカン目）に近い鳥（コウノトリ目）であるとの内容でした。明治十二年（一八七九）には同じイギリス人の鳥類学者ブラキストンは、静岡の駿府城内で松の木に多数営巣しているのを観察しています。

しかし、その後、なぜか減少し、明治四十一年（一九〇八）には保護鳥にされまし

コウノトリ図柄の郵便切手と貨幣

た。減少はその後も続き、大正十年（一九二一）には先述の兵庫県の鶴山に約三〇羽が生き残っているだけとなり、鶴山のコウノトリは国の天然記念物に指定されました。その後、昭和三十一年（一九五六）にはコウノトリを、地域を定めず国の特別天然記念物に格上げし、更に昭和三十五年（一九六〇）には国際保護鳥にも指定されました。しかし、それでも減少に歯止めがきかず、昭和四十六年（一九七一）には兵庫県豊岡市に生き残っていた最後の一羽も保護、増殖のために捕獲され、日本在来の野生のものはついにいなくなってしまいました。

大陸からの飛来

日本産と同じとされるものが、ユーラシア大陸の東部にはまだ生息していて、それらの一部が秋から冬にかけて日本にも稀に飛来しているようです。私が住んでいる熊本県内でも昭和三十七年（一九六二）十一月九日に、有明海沿岸の熊本市西区河内町船津で右翼を負傷した一羽が保護されたほか、昭和五十二年（一九七七）十月二十四日に宇城市不知火

コウノトリ（左）とコサギ（右）大陸から稀に飛来することもある　1976 年 12 月 4 日　鹿児島県阿久根市で

町で一羽、昭和六十二年（一九八七）十一月二十八日には天草市五和町で一羽、平成九年（一九九七）十二月二十九日には上益城郡益城町で一羽がそれぞれ発見されて写真も撮られています。

人工増殖での放鳥

日本でのコウノトリの最後の生息地となった兵庫県豊岡市では、昭和六十年（一九八五）に、当時のソ連ハバロフスク地方政府から幼鳥六羽の寄贈を受けて人工増殖に努めました。増殖は順調で平成十四年（二〇〇二）には一〇〇羽を超えました。それで平成十七年（二〇〇五）から放鳥されています。遠隔地でも多く確認されていて分散も順調にいっているようです。

熊本県内でも、平成二十六年（二〇一四）一月十三日に八代市内で、兵庫県立コウノトリ郷公園で放鳥された幼鳥の雄と雌の二羽が確認され、翌、二十七年（二〇一五）十一月十九日には玉名市岱明町で、同じく二〇一三年に放鳥された雄一羽と当年に野外で巣立った幼鳥の雄二羽と雌三羽の合計六羽もが確認されています。

このまま順調にいけば、江戸時代に近い状態が復活するのではないかと夢が膨らみます。

おわりに

もともと白い鳥は、見たくなったら労さえ厭わなければ見ることができます。しかし、極く稀にしか出現しない白化や白変した鳥となるとそうはいきません。何時、何処に出現するかを予測するのは不可能だからです。

近年は情報の入手もかなり容易になりましたが、白化や白変は病的症状で生命力が弱く、しかも天敵などにも目立ちやすいので一般的に短命と言われており、たとえ情報を得て出向いたとしても必ずしも見られるとは限りません。出会いは偶然で運次第といったところで、バードウォッチングを長年続けていればそれだけで出会える機会が多くなることだけは確かです。

話は変わりますが、家禽には白い品種がかなりあります。例えば、単冠白色レグホン

（セキショクヤケイが原種）やペキンダック（マガモが原種）、シナガチョウ（サカツラガンが原種）、その名も白孔雀《しろくじゃく》（インドクジャクが原種）、小鳥でも白文鳥（ブンチョウが原種）や十姉妹《ジュウシマツ》（コシジロキンパラが原種）などと枚挙に暇がありません。これらの品種は人為的に維持管理されているということはありますが、それだけの理由ではなくて、家禽化の過程でどうも白っぽくなりやすいらしいのです。というのは羽毛の色素は神経堤細胞の一部で生産されていますが、残りの一部ではストレスホルモンを分泌する副腎の細胞がつくられています。それで家禽化に向けておとなしい個体、つまりストレスレベルが低い個体を選択し続けていますと、それは神経堤細胞の拡散が鈍い個体を選択していることになり、その結果、色素の生産も鈍って白っぽくなるのではないかと考えられるからです。このことは哺乳類でも同様で、ロシアでキツネの毛皮が目的で、争って傷つけ合わないようにおとなしいキツネ同士を選択的に交配させていったところ十世代くらいで人なつこくなると同時に毛色も白っぽくなっていったそうです。

話は、また元に戻りますが、私にはこれまで本書で紹介した野鳥の白変個体との出会いがあり、しかもなんとか撮影もできて記録が残せているのは幸運なほうかもしれません。

しらとり（白鳥）は瑞鳥とされており、特に白化や白変した鳥との出会いは瑞兆とみられてきましたが、これまでの出会いの後にはどんな吉事があったでしょうか。そうだと認識する記憶は特にありませんが、珍しいものが見られ、撮影もできたこと自体が吉事ともいえます。バードウォッチングは今後も健康維持のためにも続けていこうと思っています。続編の報告ができるような成果をひそかに期待しながら……。

本書がバードウォッチングの面白さに気づき更には自然愛好のきっかけになってくれれば望外の喜びです。

最後に、本書の出版に理解と尽力いただいた弦書房の小野静男氏に感謝の意を表します。

二〇二〇年四月十一日

大田眞也

白孔雀《シロクジャク》（雄）
（北朝鮮の郵便切手）

白い鶏
（ニカラグアの郵便切手）

〈著者紹介〉

大田眞也（おおた・しんや）

一九四一年、熊本市生まれ。
長年にわたり、さまざまな野鳥の生態観察と文化誌研究を続けている。日本自然保護協会会員、日本鳥学会会員、日本野鳥の会会員。
著書に『熊本の野鳥』（熊本日日新聞社）、『熊本の野鳥百科』（マインド社）、『熊本の野鳥探訪』（海鳥社）、『ツバメくらし百科』、『カラスはホントに悪者か』『阿蘇 森羅万象』『スズメはなぜ人里が好きなのか』『田んぼは野鳥の楽園だ』『里山の野鳥百科』『猛禽探訪記―ワシ・タカ・ハヤブサ・フクロウ』『ハトと日本人』『ツバメのくらし写真百科』（以上、弦書房）ほか。

白《しろ》い瑞鳥記《ずいちょうき》

二〇二〇年 七 月三〇日発行

著　者　大田眞也《おおたしんや》
発行者　小野静男
発行所　弦書房
（〒810・0041）
福岡市中央区大名二―二―四三
ELK大名ビル三〇一
電　話　〇九二・七二六・九八八五
FAX　〇九二・七二六・九八八六

印刷　有限会社青雲印刷
製本　日宝綜合製本株式会社

落丁・乱丁の本はお取り替えします。

ISBN978-4-86329-209-3 C0045

◆弦書房の本

ツバメのくらし百科

大田眞也　《越冬つばめ》が増えている?!　尾長のオスはなぜモテる？　マイホーム事情は？　身近な野鳥でありながら意外と知らないツバメの生態を追った観察記。スズメ、カラスと並んで身近な鳥の素顔に迫る。
〈四六判・２０８頁〉【4刷】　１８００円

ツバメのくらし写真百科

大田眞也　四季折々のツバメの素顔をいろいろな角度、場所で撮影。春の渡来から秋の渡去、さらに越冬するツバメにもカメラを向ける写真版ツバメの生態観察記。好評の『ツバメのくらし百科』のビジュアル版。
【カラー写真２００点】〈Ａ５判・１５９頁〉１９００円

スズメはなぜ人里が好きなのか

大田眞也　すべての鳥の中で最も人間に身近でくらすスズメ。その生態を、食、子育て、天敵と安全対策、進化と分布、民俗学的にみた人との共生の歴史など、人間とのかかわりの視点から克明に記録した観察録。
【2刷】〈四六判・２４０頁〉１９００円

里山の野鳥百科

大田眞也　カッコウが鳴くと晴、ホトトギスが鳴くと雨。里山にくらす鳥たち一一八種の観察記。野鳥をとおして、里山の豊かさと過疎化による変貌を四〇年以上にわたって見つづけてきた記録を集成した決定版！。
〈Ａ５判・２６８頁〉２０００円

田んぼは野鳥の楽園だ

大田眞也　田んぼに飛来する鳥一七〇余種の観察記。豊かな自然＝田んぼの存在価値を鳥の眼で見たフィールドノート。春夏秋冬それぞれに飛来する鳥の生態を克明に観察、撮影、文献も精査してまとめた田んぼと鳥と人間の博物誌。
〈Ａ５判・２７０頁〉２０００円

＊表示価格は税別

ハトと日本人

大田眞也　ハトは益鳥か、害鳥か。八幡神の使い、平和の象徴、伝書鳩など人の暮らしに重宝されてきた反面、食害や糞害をもたらしている鳥でもある。人に最も身近な野鳥の意外な生態を紹介、民俗的にも話題豊富な〈ハト史〉　〈四六判・176頁〉1700円

猛禽探訪記　ワシ・タカ・ハヤブサ・フクロウ

大田眞也　猛き鳥たちの世界へ。50年におよぶ観察をもとに生態系の頂点・猛禽類（ワシ、タカ、ハヤブサ、フクロウ）の多様な生態に迫る。子育て、狩りの姿、人とのかかわりなど新たな知見を網羅した、猛禽ファン必読の書。　〈A5判・220頁〉2000円

九重山　法華院物語　〈山と人〉

松本徰夫・梅木秀徳編　九州の屋根・九重の自然と歴史の魅力を広めることに尽力した加藤数功、立石敏雄、弘藏孟夫、工藤元平、梅本昌雄、福原喜代男ら6人の山男たちの物語。法華院に伝わる『九重山記』全文と現代語訳を初収録。　〈A5判・272頁〉2000円

阿蘇　森羅万象

大田眞也　全域でジオパーク構想も進む阿蘇をもっと深く知るための阿蘇自然誌の決定版！　世界最大のカルデラが育んだ火山、植物、動物、歴史をわかりやすく紹介。写真・図版200点余収録、自然の不思議と魅力がつまった一冊。　〈A5判・246頁〉2000円

日帰りで登る　九州の山

吉川満　達人が選んだ《日帰りで登れる山》105山、73コースを紹介。体力・技術力・時間などを心配せずに登れ、初心者・中高年でも時間に余裕を持って登ることができる山・コースを案内。コース案内文と地図も詳細。〔オールカラー〕　〈A5判・268頁〉1900円

＊表示価格は税別